思维体操

青少年创新思维培养手册

张宏斌 ◎ 著

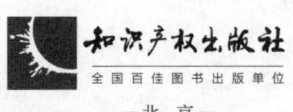

知识产权出版社
全国百佳图书出版单位
—北京—

图书在版编目（CIP）数据

思维体操：青少年创新思维培养手册/张宏斌著． —北京：知识产权出版社，2022.9
ISBN 978-7-5130-8231-0

Ⅰ.①思… Ⅱ.①张… Ⅲ.①青少年—创造性思维—能力培养—手册 Ⅳ.①B804.4-62

中国版本图书馆CIP数据核字（2022）第117891号

内容提要

本书借用广播体操的架构，介绍了锻炼扩展思维、联想思维等8种创新思维的方法，并将每种思维方法分解为概念、案例、实践和训练4个部分，便于青少年系统学习和掌握，从而达到启发青少年思路，扩展思维空间的目的。

本书具有较高的实用价值，适合广大青少年教育者、青少年及家长阅读。

责任编辑：李小娟　　　　　　　　　　责任印制：孙婷婷

思维体操——青少年创新思维培养手册
SIWEI TICAO—— QINGSHAONIAN CHUANGXIN SIWEI PEIYANG SHOUCE

张宏斌　著

出版发行：	知识产权出版社 有限责任公司	网　址：	http://www.ipph.cn
电　话：	010-82004826		http://www.laichushu.com
社　址：	北京市海淀区气象路50号院	邮　编：	100081
责编电话：	010-82000860转8531	责编邮箱：	laichushu@cnipr.com
发行电话：	010-82000860转8101/8102	发行传真：	010-82000893/82005070/82000270
印　刷：	北京中献拓方科技发展有限公司	经　销：	新华书店、各大网上书店及相关专业书店
开　本：	880mm×1230mm　1/32	印　张：	7.5
版　次：	2022年9月第1版	印　次：	2022年9月第1次印刷
字　数：	162千字	定　价：	68.00元
ISBN 978-7-5130-8231-0			

出版权专有　侵权必究
如有印装质量问题，本社负责调换。

前　言

　　我曾经也是一个少年，也有过属于我们那个年代的梦想、热情和执着。1980年，在上初中一年级时，我参加了《我们爱科学》杂志社举办的全国首届"小小发明家"竞赛，我发明的"针孔望远镜"获得三等奖。因我有特点的思维方式，杂志社将我的发明思路刊登在当年的《我们爱科学》杂志上。后来，我的发明思路作为一种创新思维方法，被收录到中国少年儿童出版社出版的图书《小小发明100例》中。因受到全国首届"小小发明家"竞赛组委会的鼓励——"小小发明家孕育着大发明"，从此，我将发明创造作为自己终身的爱好，先后取得了"钢琴式电话机""箱式折叠电动车""饮料瓶（保龄球式）""一种银行卡销卡器"等十余项专利。1985年，在上高中的时候，我参加了由中央电视台"为您服务"栏目举办的发明专题节目，由著名相声演员师胜杰老师在节目中展示了我的发明——"一种方便使用的集邮册"。1997年，我获得了"瓶子（蒙古包式）"外观设计专利权。2009年，我因发明"国际麻将"，应河南电视台的邀请，参加了他们的《创意时代》节目。

对我而言，创新思维能力的形成，完全是由于小时候物资的严重匮乏，而又对美好生活有着无限的向往。我上小学的时候，不知道什么是日晷，也没有其他的计时工具，每次下课前同学们都急切地盼望着下课的铃声。于是，前一天打了下课铃后，我在窗台上顺着光影画了一条线，第二天快到下课的时候，同学们都踮着脚尖把目光投向窗台，而我看一眼光影的位置，就知道大致还有多长时间下课。"针孔望远镜"的发明，正是源于我想拥有一个自己的望远镜，又没钱买，正好手里有一片凸透镜，在学习了针孔放大的原理后，我用一张带针孔纸片和一片凸透镜制作了一个单筒望远镜。

随着时代的发展和进步，很多事情都不能同日而语了。但是，很多事情都是"承前"才能"启后"，"继往"才能"开来"。我希望把我在创新实践中所掌握的创新技能传递给广大青少年，使青少年能够系统地掌握创新思维的方法和技巧，从而使思维活跃起来。培养创新思维能力，不仅是为了搞发明创造和科学研究，而且这种能力使我们在学习、工作和生活中爱思考、善于思考，从而总有新办法、好办法，在方方面面有所受益。创新的魅力在于一个产品、一个方法或是一个决策，通过我们的思维加工，呈现一个令人耳目一新，甚至是振奋人心的方案。热爱创新，使我们从中得到无限的荣誉感和成就感。

社会的进步是一代又一代人不断创新的过程，创新永远不会停止，而且未来各个领域的竞争绝大多数情况下是创

前　言

新的竞争。一个具备创新能力的人，往往让人觉得他有才能；一个企业的业绩能够迅速提升，往往因为这个企业有创新的产品；一个国家强盛，往往因为这个国家重视创新，鼓励创新，并有良好的创新环境。

经过创新实践和深入研究创新思维的理论和方法，并不断总结和归纳，我将创新思维的各项原理运用到本书的创作之中，具体如下。

一、依据扩展思维原理，本书不仅通过多领域的各类案例来启发思路，还从古诗词、成语、汉字、对联、谜语、歇后语等中国传统文化中体会中华文明的智慧，扩展思维空间。

二、依据联想思维原理，本书借用广播体操的架构，使读者通过广播体操的锻炼，联想到思维的锻炼。

三、依据结构思维原理，本书通过第一节"预备运动"，对创新思维有一个总体的了解；通过第二节至第九节的内容，讲述了锻炼8种创新思维的方法，并借用这8种方法让我们的思维灵活起来；通过第十节"整理运动"，对创新思维的获取方式进行总结，使读者阅读起来目标明确、条理清晰。

四、依据简化思维原理，本书力求用简短的语句、简单的图形和大家熟知的故事来表达对事物的理解。本书精练的内容，适合当前读者的快节奏阅读需求。

五、依据组合思维原理，本书把创新思维中常用的方法组合成8个锻炼思维的方法，使创新思维的训练过程形成

体系。读者在对创新思维方法和应用有了全面的掌握后，利用本书的创新思维方法提高自己思维的灵活性。

六、依据分解思维原理，本书将每个方法分解为概念、案例、实践和训练4个部分，从对概念初步的了解，到实践活动的应用，最后通过训练来巩固和提升创新思维能力。

七、依据侧向思维原理，本书用算盘珠子显示章节、用色彩划分目录等创意，体现创新思维无所不至的理念。

我们处于一个碎片化信息时代，很多人崇尚碎片化学习，它具备信息量大、信息更新快、利于吸收等优势。但是，很多时候思维方式比知识储备量更重要，青少年时期思维方式还没有固化，越早掌握创新思维方法，越能够培养我们的创新思维方式，使我们的创新思维模式条理化、系统化，从而成为一个有大智慧的人。

目 录

第一节　预备运动..1
   1 234　什么是思维...2
   2 234　什么是创新思维..6
   3 234　创新思维的方法..12
   4 234　拥有创新思维的重要性..............................15

第二节　扩展思维运动..21
   1 234　概　念..22
   2 234　案　例..23
   3 234　实　践..26
   4 234　训　练..43

第三节　联想思维运动 45
　　1 234　概　念 46
　　2 234　案　例 47
　　3 234　实　践 49
　　4 234　训　练 64

第四节　逆向思维运动 69
　　1 234　概　念 70
　　2 234　案　例 71
　　3 234　实　践 73
　　4 234　训　练 82

第五节　侧向思维运动 85
　　1 234　概　念 86
　　2 234　案　例 87
　　3 234　实　践 89
　　4 234　训　练 97

第六节　结构思维运动 99
　　1 234　概　念 100

目　录

2 234　案　例⋯⋯⋯⋯⋯⋯⋯⋯⋯⋯⋯⋯⋯⋯*101*

3 234　实　践⋯⋯⋯⋯⋯⋯⋯⋯⋯⋯⋯⋯⋯⋯*104*

4 234　训　练⋯⋯⋯⋯⋯⋯⋯⋯⋯⋯⋯⋯⋯⋯*121*

第七节　分解思维运动⋯⋯⋯⋯⋯⋯⋯⋯⋯⋯⋯*123*

1 234　概　念⋯⋯⋯⋯⋯⋯⋯⋯⋯⋯⋯⋯⋯⋯*124*

2 234　案　例⋯⋯⋯⋯⋯⋯⋯⋯⋯⋯⋯⋯⋯⋯*125*

3 234　实　践⋯⋯⋯⋯⋯⋯⋯⋯⋯⋯⋯⋯⋯⋯*127*

4 234　训　练⋯⋯⋯⋯⋯⋯⋯⋯⋯⋯⋯⋯⋯⋯*143*

第八节　简化思维运动⋯⋯⋯⋯⋯⋯⋯⋯⋯⋯⋯*147*

1 234　概　念⋯⋯⋯⋯⋯⋯⋯⋯⋯⋯⋯⋯⋯⋯*148*

2 234　案　例⋯⋯⋯⋯⋯⋯⋯⋯⋯⋯⋯⋯⋯⋯*149*

3 234　实　践⋯⋯⋯⋯⋯⋯⋯⋯⋯⋯⋯⋯⋯⋯*150*

4 234　训　练⋯⋯⋯⋯⋯⋯⋯⋯⋯⋯⋯⋯⋯⋯*165*

第九节　组合思维运动⋯⋯⋯⋯⋯⋯⋯⋯⋯⋯⋯*167*

1 234　概　念⋯⋯⋯⋯⋯⋯⋯⋯⋯⋯⋯⋯⋯⋯*168*

2 234　案　例⋯⋯⋯⋯⋯⋯⋯⋯⋯⋯⋯⋯⋯⋯*169*

3 234 实　　践……………………………………………………………*171*

4 234 训　　练……………………………………………………………*180*

第十节　整理运动……………………………………………*183*

1 234 怎样提高创新思维能力…………………………………………*184*

2 234 扫除创新思维的障碍……………………………………………*194*

3 234 想象力为创新思维插上了翅膀…………………………………*199*

4 234 创新思维所要的结果是获得灵感………………………………*203*

小测验……………………………………………………………………*218*

小测验参考答案…………………………………………………………*222*

训练题参考答案…………………………………………………………*224*

为了提升我们的创新思维能力，
使我们的思维更灵活，
大脑更聪明，
思维体操现在开始！

第一节

预备运动

234　什么是思维

思维是人脑接受信息、存储信息、加工处理信息和输出信息的逻辑推理活动过程。在日常的工作、学习和生活中，每逢遇到问题时，我们总要"想一想"，这种"想"，就是思维。它是人脑的主要功能，是人类智力的核心。

思维按照不同的分类标准，可以划分为各种各样的思维形式。按照思维的内容可分为动作思维、形象思维、抽象思维等；按照思维的指向性可分为聚集思维和发散思维；按照思维的创造性可分为常规思维和创新思维；按照思维的逻辑性可分为逻辑思维和非逻辑思维。根据思维在不同领域的应用，还有着众多的分类方式和花样繁多的表现形式。

一个人在从幼年到成年的成长过程中，思维形成的总趋势是动作思维→形象思维→抽象思维→逻辑思维。

在0～3岁阶段，孩子在看、听、玩的过程中进行思

维,如啃咬或触摸玩具等,其思维依靠感知和动作来完成,这个思维过程叫动作思维。

3岁以后,逐步开始进行形象思维,他可以依靠头脑中的具体事物进行想象,如图片中画的椅子与实物椅子之间的想象,图片中画的小白兔与草地上活蹦乱跳的兔子之间的想象等。

到五六岁时,孩子开始对事物的思考有了比较复杂和深刻的评判了,这个时期的思维开始进入抽象思维、逻辑思维,以及非逻辑思维阶段。

人脑具备了完善的思维体系后,就可以用思维来思考问题和解决问题了。

人脑和电脑一样,它们的思考和运行都可分为五个环节。

学习:接收信息和知识,相当于电脑的录入。

记忆:储存信息和知识,相当于电脑的储存。

分析:处理信息和知识,相当于电脑的运算。

决策:得出思考的结果,相当于电脑的显示。

行动:把成果运用于实践活动,相当于电脑对外围设备的操控。

同样,人脑的思维能力也相当于电脑的性能,要想思维能力强,就得储备丰富的信息和知识,并有能够高效加工处理这些信息和知识的方法。

也可以把这五个环节倒过来说:如果我们能够圆满地

做好一件事情，说明我们的决策是正确的；决策的英明，说明我们分析问题的方法是优秀的；优秀的方法出自我们大量的信息和知识储备；充足的知识储备是我们刻苦学习的结果。

一个人的思维决定着这个人的思想和行动，不同的学习、生活和成长因素，造就了不同的思维方式和能力。不同的思维产生不同的观念和态度，不同的观念和态度又产生不同的行动，不同的行动又产生不同的结果。所以，每个人不同的视野、事业、成就和人生轨迹，都是由自己的思维方式和思维能力决定的。

在孩童时期，父母就应该尽力创设丰富多彩的生活环境，让孩子们开阔眼界，更广阔地接触大自然、接触社会、拓展知识面。培养孩子们的观察力和想象力，让他们能够提出问题，敢于大胆实践，勤于独立思考，勇于探索未知世界。

美国人罗伯特·安德罗·米利肯，是1923年的诺贝尔物理学奖得主。他的父亲从小就培养他热爱科学、热爱学习的志趣，在他咿呀学语的时候就引导他倾听河水冲击峭壁的声音，让他感受大自然的神奇和魅力。在他孩童期，几个小伙伴一起在湖边玩玩具小汽车的比赛，玩得正高兴时，一个小伙伴的铁皮小玩具车掉到了湖里。他们用棍子挑，把湖水越搅越浑浊，小汽车一会儿就看不见了，又找来网捞也捞不

出来。这时候,米利肯想起了老师讲的磁石吸铁原理,小伙伴们找来一块磁石,用绳子把它捆上,丢到湖里,很快就把玩具车牢牢地吸附在磁石上,拉了回来。由于米利肯从小培养起来的勤于思考、善于思考的良好素质,他后来在物理学研究的道路上取得了许多重大的成就。

逻辑思维是人们在认识事物的过程中,借助概念、判断、推理等思维形式,能动地反映客观现实的理性认知过程。其核心是分析和认识问题的规律性,是一种严格遵循逻辑规则,按部就班、循序渐进、有条不紊地进行思考的思维方式,它注重分析、综合、归纳和演绎。逻辑思维是思维的基础,是一种聚集性思维。

而我们要获取的创新思维主要来源于非逻辑思维,非逻辑思维是产生创新思维的基础,它思考和认识事物是基于不同角度、不同层次,不拘泥于已有的规则和规律,不受原有概念和方法的约束。它的答案是多种多样的,而且每一个答案的获得都不拘泥于逻辑推导的结果,而是源于大脑的想象和联想。它是一种无章可循,又带有偶然性的思维方式,是一种扩展性思维。

逻辑思维和非逻辑思维虽然是两种不同的思维方式,但两者又密切相关。任何一个问题的圆满解决既需要严谨的逻辑推导和科学论证,它是解决问题的基础和保证,同时,也离不开非逻辑思维的启发,它是解决问题的起点和催化剂。一个成功的思维过程往往是"扩展→聚集→再扩展→再聚集",即"非逻辑→逻辑→再非逻辑→再逻辑"这样一种围绕目标不断循环上升的过程。就如人类看到草原上奔驰的骏马后,非逻辑思维产生了"风驰电掣",而通过逻辑思维产生了汽车;看到天空中飞翔的雄鹰后,非逻辑思维产生了"龙飞凤舞",而通过逻辑思维产生了飞机;看到皓月当空,非逻辑思维产生了"嫦娥奔月",而通过逻辑思维产生了航天飞行器。逻辑思维与非逻辑思维这种既对立又统一的关系和互相交替转化的活动过程,体现了人类思维过程的基本规律。

简单地说,非逻辑思维是用来想办法、找方案,逻辑思维是验证这个想法或方案是否可行。思维的过程就是这样不断思考、不断验证,最后使问题得到圆满解决的过程。所以说,逻辑思维和非逻辑思维密不可分,我们在学习创新思维的同时,也必须加强基础学科的学习,两方面相互促进、相辅相成。

234　什么是创新思维

创新思维是指在人类的社会活动中,打破传统的思维习惯,突破常规思维的某些局限性,克服思维定式,以超常规甚至反常规的方法、视角去思考问题，能够用非逻辑思维方式发现新问题、形成新概念、提出与众不同的解决方案的思维过程。一个人具备了创新思维，体现在能力上就表现为他的创新能力。

创新的本质是突破，即突破旧的思维定式、旧的常规戒律。创新活动的核心是"新"，一件产品原先没有的功能，经过我们大脑的运作，新的产品出现了，如带温度计的奶瓶、不倒翁牙刷等；一种绘画方式原先没有，经过我们大脑的运作，新的艺术表现方式出现了，如沙画、钢笔画、油笔画、羽毛画等；一种商业销售模式原先没有，经过我们大脑的运作，新的商业运作方式诞生了，如商品的销售方式由传统的店面销售方式，创新出现在的网店销售、直播销售等。这些世界上原先没有的事物，经过我们大脑的运作以各种方法首次创造出来。创新使我们的这个社会不断地进步着。

创新涵盖众多领域，包括政治、军事、经济、社会、文化、科技等各个领域。因此，创新可以分为科技创新、文化创新、艺术创新、商业创新等。

我们生活的这个世界日新月异、千变万化，如果总是用固有的经验来解决问题、处理事务，那么，所有的事情往往只能在原地踏步，而不能使社会进步。《孙子兵法》中说："凡战者，以正合，以奇胜。"很多事情想要得到一个满意的结果，都需要"出奇制胜"。爱因斯坦说过："想别人不敢想的，你已经成功了一半；做别人不敢做的，你就会成功另一半。"创新思维的意义在于找出多种方案、多种可能性，从

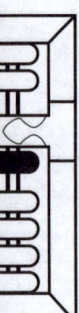

而产生新颖的、独到的、有社会意义的思维成果,促使新设想、新产品、新方法、新的服务方式等不断涌现。

知道了创新思维的概念,再了解其特性,就可以让我们更有效地掌握创新思维这一利器。**创新思维具有以下几个特性。**

一是独创性,是指对需要解决的问题,要有独特的见解,要善于独立思考,善于独立地发现问题,不迷信教条,不盲从权威。提出的方案有较强的独特性,能够超越同一时期的认知水平,也就是说要勇于"独辟蹊径"。

追求思维的独创性,是创新思维的起点和动力。

二是新颖性,能够在解决方案上用新的方法、新的思路进行思维活动,在常人的思维水平基础上有新的见解、新的发现和新的突破。其结果不论是概念、假设、方案或结论,都包含有新的因素,也就是说要善于"标新立异"。

新颖程度是衡量一个创新思维成果优劣的最重要指标。

三是突发性,是指在长期的思索过程中,受到某种启发,突然"灵光乍现",迅速得出解决方案,是一个从艰苦思索到茅塞顿开的量变和质变交融渐进的过程。就如古希腊物理学家阿基米德在洗澡时,由于他身体进入浴盆,使洗澡水往外溢,他豁然开朗,找到了计算物体体积的方法,从而发现了举世闻名的浮力定律(阿基米德定律)。

第一节 预备运动

因创新思维的突发性,所以我们要随时准备捕捉突然出现的灵感。

四是求异性,是改变常规的思维模式,从多方位、多角度去思考问题,以求得问题的解决。主要表现在思维过程中不从众、不人云亦云,善于同中见异、异中见同、平中见奇。求异性要求我们要有好奇心,敢于质疑、善于提出问题,然后寻求新的解决问题的方法,也就是说要勇于"异想天开"。

求异性是创新思维生命力的体现,是新思路、新方法、新理论的生长点。

我们在日常生活中解决问题通常用的是经验、直觉、顿悟和灵感四种思维结果来处理。

第一种是**经验**,一般情况下,这是我们在解决问题时首先使用的,就是借用以往处理类似问题的方法,套用在目前需要解决的问题上,使问题得到轻松解决。

第二种是**直觉**,就是一种直接感觉,没有经过逻辑推理,凭本能决定用某种方法去处理某个问题。问题处理的效果往往受到个人的职业、阅历、知识等方面的影响。

第三种是**顿悟**,就是在探索未知领域的过程中,对问题一筹莫展,久久不能得出答案。随着对问题了解的积累,经过对这一问题的深入研究,产生对问题认知上质的突变,在某一时刻突然悟出问题的解决办法。

第四种是**灵感**，是我们这里讲的重点，它是创新思维的主体，是创新思维所要得到的结果，是创新思维最终要达到的目标。我们遇到的很多问题都是新问题，往往很难找到解决的办法，使我们百思不解。但在某一瞬间，突然找到解决问题的办法，大脑里出现思维的"火花"，顿时"灵光一现"，使人豁然开朗，这种瞬间闪现的奇思妙想就是灵感。这个产生灵感的时刻被心理学家形象地称为"啊哈时刻"。

有这样一个著名的实验：一位教授想测验一只猴子解决问题的能力，在一间空屋子里，除了在墙边放了几个空木箱子外，别的什么也没有。他把一只香蕉挂在了屋子中央的天花板上，其高度高于猴子的跳跃极限。教授的预期是希望猴子能把这几个木箱摞在一起，然后猴子踏在摞起的木箱上，取下香蕉。但猴子在屋里转来转去，就是不去搬那几个木箱子。当教授正沮丧地走到屋子中间，准备取下香蕉结束实验时，这只猴子突然一跃而起，跳到教授的肩膀上，然后又向上一跳，抓走了香蕉。

第一节
预备运动

我们假设这只猴子具备了人类的思维能力，如果猴子以前有过脚踏木箱翻墙的经历，那么它搬过来木箱，踩着木箱取下来香蕉，它凭的是经验。如果猴子以前就明白取高处的东西需要借助其他物品来提高自己的高度，那它直接搬来木箱，使自己升高，这时凭的是直觉。如果猴子没有以上的经历，而是第一次看到教授把木箱摆在屋子中央，踩在摆在一起的木箱上取下香蕉，然后再把香蕉和木箱放回原处。猴子看了后：哦，原来还可以这样！这就是顿悟。当猴子冥思苦想地想着办法，幻想着如果有棵大树竖在屋子中间就好了的时候，教授往屋子中间一走的瞬间，猴子灵机一动，突然产生了想法：啊哈！这个教授就是那棵树！然后猴子凭借这棵"树"，取下香蕉，这时"猴脑"里产生的就是灵感。

"曹冲称象"就是一个运用创新思维的典型例子。

有人向曹操敬献了一头大象，曹操想称一下这个庞然大物到底有多重，问大臣们有什么办法。一位大臣说，可以砍倒一棵大树来制作一杆大秤。曹操摇摇头——即使能造出可以承受大象重量的大秤，谁又能把它提起来呢？另一位大臣说，把大象宰了，切成块，就很容易称出来了。曹操更不同意了，他希望看到的是活着的大象。这时候，年仅七岁的小曹冲出了一个好主意：把大象牵到船上，记下船边的吃水线，再把象牵下船，换成石块装上去，等石块装船达到同一吃水线时，再把石块卸下来，分别称出这些石块的重量，再把每个石块的重量加起来,就得到了大象的重量。

曹冲能从别人错误的意见中吸纳合理的因素,激发了自己的灵感。第一位大臣出的主意不切实际,因为没有人能提起如此重的大秤,但是它却包含着一个合理的因素——需要有能承受住大象重量的大秤才能解决问题。第二位大臣的主意更是荒谬,怎么能把活生生的大象宰了呢?但是,在这个看似荒谬的意见中,却包含着一个非常可贵的思路——化整为零。曹冲吸纳了大臣错误意见中的合理因素,设法找一个能承受大象重量又不用人手去提的"大秤"。根据日常生活经验,船正好能满足这种要求,然后他又想到利用石块代替大象可以实现"化整为零"。曹冲在整个解决问题的过程中,无不展现着他思维的灵活性,思维的灵活性落实到解决问题的能力上,就显露出一个人的聪明才智。

234 创新思维的方法

研究思维科学的专家学者们在不停地挖掘和探索创新思维的新方法,现有的创新思维有着各种各样的方法。例如,想象截留法、角色互换法、相似构想法、逆向思考法、延伸式思维法、运用式思维法、幻想式思维法、奇异式思维法、质疑思维法、克弱思维法、脑力激荡法、奥斯本检核表法、5W2H 检讨法、思维导图法等。创新思维的方法多种多样、层出不穷,我们只有真正理解和掌握创新思维的多样性,在实践中灵活运用,才能掌握这一人脑的思维技能,并由此技能获取丰硕的创新成果。

无论各种创新思维的方法怎样花样翻新,都万变不离其宗,都是依据**创新思维的基本原理**,不断发掘更有利于我们操作和使用的创新思维方法。

综合原理:是在分析研究对象的各个构成要素基本性质的基础上,综合其最有价值的部分,使综合后所形成的新事物或物品具有优化的特点和创新的特征。

组合原理:是将两种或两种以上的研究对象的一部分或全部进行适当叠加或重组,从而形成新的事物、新的物品。

分离原理:是把创新对象进行科学分解和离散,使主要问题从复杂的现象中暴露出来,从而理清创新者的思路,便于抓住主要矛盾。

极简原理:在创新过程中,直接找到我们对研究对象要得到的目标或目的,再为达到这个目标或目的去寻找最简单的解决问题的途径或办法。

移植原理:是把一个研究对象的概念、原理或方法运用于另一个研究对象上,并取得创新成果,它的实质是借用已有的创新成果对创新对象进行再创造。

迂回原理：创新在很多情况下，会遇到许多暂时无法解决的问题，我们不妨暂停某个难点的僵持状态，转而进入下一步行动或进入另外的行动，也就是另辟蹊径。有时通过解决侧面问题、外围问题或后续问题，可能会使原来的未知问题迎刃而解。

逆反原理：是从相反的思维方向去分析、思索、探求新的方法。人们一般都习惯于从显而易见的正面去考虑问题，而这个方向可能会阻塞我们的思路。如果能与传统的思维方向"背道而驰"，往往能得到极好的创新成果。

强化原理：是指在创新活动中，通过各种强化手段，使研究对象提高效率、改善性能、延长寿命或增加用途等，以获得创新成果。

群体原理：早期的创新多是依靠个人的智慧和知识来完成的，但随着社会的发展，创新越来越需要发挥群体智慧才能有所建树，把团队组织好、运作好，形成合力，这是个体行为无法比拟的。

在深入学习并深刻理解创新原理的基础上，我们还需要依托一系列的方法来实现创新的目的。本书依据创新原理中最基本的原理，压缩归纳了8种创新思维的方法，旨在通过这8种创新思维的概念、案例、实践和训练，对创新思维有一个完整、系统了解，以改变我们习惯性、单一、僵化的思维习惯，使我们的脑筋灵活起来，从而提升我们的创新思

维能力。

当我们遇到需要处理的问题时，依据**强化原理**，扩展思维法能够让我们的思维扩展开来，在更大的范围寻求解决方案；依据**移植原理**，联想思维法让我们通过丰富的想象力，借用其他优质资源为我享用；依据**迂回原理**，侧向思维法能够让我们的思维拐个弯，从另一个方向寻找答案；依据**逆反原理**，逆向思维法能够让我们的思维方向回个头，从相反方向想办法；依据**极简原理**，简化思维法能够让我们直击问题的实质，找到解决问题的捷径；依据**综合原理**，结构思维法能够让我们综合摆布各类元素，合理布局，使大脑思路清晰；依据**组合原理**，组合思维法能够让我们的思维聚合，整合优势资源；依据**分离原理**，分解思维法能够让我们对研究对象进行合理分类，实施各个击破。

234　拥有创新思维的重要性

创新是人类社会发展与文明进步的永恒主题，是社会进步和经济发展的动力。从燧人钻木取火到当今的航天飞行，从烽火台的狼烟报信到现代互联网技术，一部人类的文明史，就是一部不断超越、不断探索、不断创新的历史。创新是一个民族进步的灵魂，是一个国家兴旺发达的动力。所谓聪明就是一个人因具备创新思维而脑子灵活，聪明的大脑是一个人最大的财富，是生活、工作乃至事业上永葆生机和活力的源泉。

（一）把创新思维用在学习上，我们的脑子就灵

我们所学的知识是有限的，但想象力是无限的，只有运用创新思维把知识融会贯通、优化组合、举一反三，运用不同的方法，通过大胆的尝试，才能提高学习效率，真正达到事半功倍的效果。在学习上，有些人虽然感觉他用功不多，但他的成绩却比别人好，表面上说是这个人聪明、脑子灵，实质上是他用对了方法。

我们学习中国古代史，应该从古到今理清一条线索，整理一个以时间轴为主线的图或者表，使知识条理化、系统化，形成历史知识的整体框架。然后，我们再使用扩展思维方法，在历史的重要节点上，扩展联系这个时期所产生的文化，把历史和国学结合在一起。例如，唐朝有哪些著名的诗人？这些诗人又分别是哪一流派？他们各自的代表作品是什么？他们创作这一作品的历史背景是什么？接着，再学习李白的"飞流直下三千尺，疑是银河落九天""朝辞白帝彩云间，千里江陵一日还""黄河之水天上来，奔流到海不复回""蜀道难，难于上青天"等诗句时，我们可以扩展学习相对应的地理知识。这样既扩展了知识面，又使我们的知识结构得到了有机结合。

（二）把创新思维用在工作上，我们的办法就多

为什么有些人随时随地都有新主意、好办法，令人啧啧称奇，有些人却搜肠刮肚也苦无新意呢？创新思维能力的高与低决定着一个人在工作中能否取得成就。大凡在工作上有所建树、有所作为的人，大都是创新思维能力很强的人。他们靠智慧、靠特色、靠创新、靠点子，开拓出了一片广阔的天地。任何行业、部门及个人生活的方方面面，都需要解决各种各样的新情况、新问题，而要解决这些新情况、新问题，要么走老路，要么走新路，走新路就离不开创新思维。可以这样说，创新思维用到什么地方，什么地方就会充满生机和活力，就会产生非同寻常的效果。

2020年新型冠状病毒肺炎疫情刚刚暴发时，武汉需要对1000多万人进行核酸检测，尽快甄别出感染人群，但规模大、时间紧、检测药剂供应不足。这时候有"高人"出招，采取了快速"混检"方式，即将每10人左右分为一组，将采样混合在一起，分组进行检测。这样，一组10人只需要一支检测药剂，既节约了药剂，又提高了检测速度。哪一组是阴性，就筛选过去，一旦检测出哪一组是阳性，那么就将这一组的每个人再重新进行单独检测，最后确定具体感染者。这种事半功倍的做法就是创新思维起到的神奇效果。

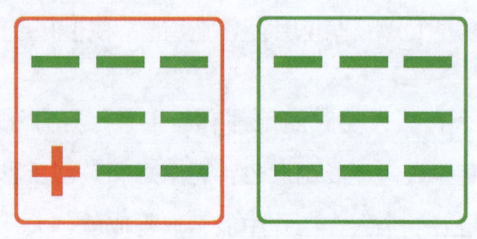

如果某一组发现病毒，该组的每个成员再重新检测

（三）把创新思维用在生活上，我们的日子就美

我们大部分人都有自己的个人爱好，如写作、绘画、舞蹈、音乐等，但大都只停留在爱好的表层，能写点文字、会画些画、能跳几段舞蹈、会弹奏几种乐器，只是满足了自我娱乐的需求。但如果增加了创新，引起众多人的关注，没准儿还会成为"网红"。

如果我们在绘画使用的颜料上有所创新，发掘使用一种新颜料，这幅画可能会画出神奇的效果。河北保定女孩马依蕾从小学习绘画，她在做饭时突发奇想——用酱油做颜料，用了十多天时间临摹出了《清明上河图》。她独创的"酱油画"，人物栩栩如生，画风充满古风气息。有网友评论：文化突然有了味道。

（四）把创新思维用在事业上，我们的天地就宽

在事业的发展中，同样的行当、同样的生意，靠体力，只能换得衣食无忧，靠技术，可能达到小康的生活水平，靠

第一节
预备运动

知识,可能过上财富自由的生活,而靠智慧,则可能让人步入富裕阶层。比尔·盖茨曾说过:"人与人之间的区别,主要是脖子以上的区别。"今天的社会是一个充满竞争的社会,创新是一个企业竞争的法宝,一个企业要立于不败之地,就要靠特色、靠创新、靠点子、靠思路。一个优秀的企业要包括产品创新、观念创新、技术创新、管理创新、营销创新等。

某医药公司生产的感冒药引入了"白加黑"这一创意,这种感冒药一上市就占据了很大的感冒药市场份额,销售额排到当年同行业排名的第二名。"白加黑"是个了不起的创意,它看似简单,却解决了一般感冒药服用后会使人犯困的问题。制药厂只是运用了分解思维法,把感冒药分成白片和黑片,把感冒药服用后使人犯困的成分只放在黑片中。所打的广告是"白天服白片,不瞌睡;晚上服黑片,睡得香",产品名称和广告信息清晰、精准地满足了消费者的诉求。这在中国的营销传播史上堪称奇迹,这一现象被营销界称为"白加黑"震撼。有了这个优秀的创意,产品不火都很难。

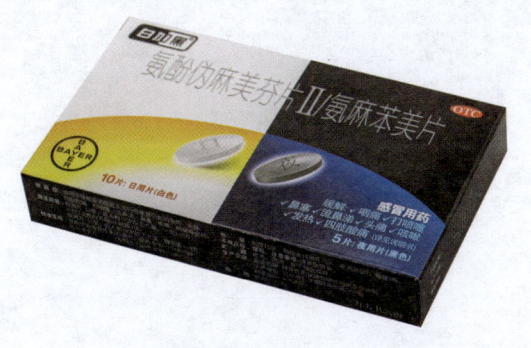

第二节
扩展思维运动

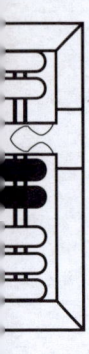

1 234 概　念

扩展思维是指在思考问题的过程中，思维不受约束，能够突破单一思维的束缚，从多角度、多侧面、多层次、多结构全方位地去思考问题，把思路无限放大、扩大或延伸，探索多种解决问题的可能性，使大脑在思维时呈现一种扩散状态的思维方式。

简单地说，就是把思维"扩一扩"，将思维扩展开来。

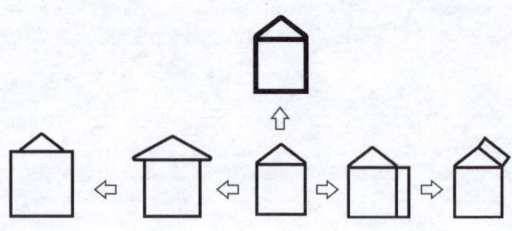

2 234 案例

芭比娃娃是与孩子们心灵有约的"偶像",这一玩偶为什么能够经久不衰呢?

一是扩展了芭比娃娃的各种角色。为不断创造新的"卖点",芭比娃娃被设计成了影星、歌星、医生、护士、教师、模特、空中小姐、嬉皮士女郎、赛车手、运动员等70多种角色。围绕着芭比娃娃的设计师多达数百名,他们不断地为她"整容",不断地把一些著名的公众人物变幻成芭比娃娃的脸谱,为孩子们提供了各种玩伴。

二是扩展了芭比娃娃的各种服饰。为了把"人物形象"激活,芭比娃娃每年都要添置120套新装,为她缝制的各类鞋子总计有10亿双之多。

三是扩展了各种系列产品。为了保持产品的活力,针对不同的消费者,芭比娃娃每年都要推出20多种系列产品,设计出不同的"版本"。有大众一族,也有精品系列,甚至还推出经过编码限量发售的"绝版"。

四是扩展了芭比娃娃的周边角色。芭比娃娃还有许许多多的亲戚朋友,包括32个男友、12个亲戚和38种动物等。

五是扩展了许许多多的故事。为了不断引起大众的关注,芭比娃娃还与另一个娃娃瓦妮莎"竞选总统"。

在扩展思维的作用下,芭比娃娃形成众星拱月、群星辉映的态势,在产品的不断变幻中夺人眼球。

旅馆业是一个比较古老的行当,它的功能是给旅行者提供住宿之地。如果我们用扩展思维把旅馆的载体或体现形式进行扩展,一个最古老的行当就可能创新出众多的"主题旅馆":水下旅馆、船上旅馆、飞机旅馆、房车旅馆、悬崖旅馆、洞穴旅馆、城堡旅馆、树上旅馆、帐篷旅馆、气泡旅馆、冰雪旅馆、影院旅馆、胶囊旅馆、水泥管旅馆、集装箱旅馆等。

第二节
扩展思维运动

把我们的日常生活立体化，能够扩展出很多新的生存空间。我们借用下面的例子，随着空间的扩展，让我们的思维空间也随着一起进行扩展。

立体交通：地下铁路、地下隧道、高架桥车道、立交桥、地下停车场、立体车库、双层公共汽车等。

立体绿化：屋顶花园、平台花园、阳台花园、下沉花园等。

立体农业：玉米地种绿豆、高粱地里种花生、暖棚无土立体栽培等。

立体森林：高大乔木下种灌木、灌木下种草、草下种食用菌等。

立体渔业：使用网箱养殖水产，利用鱼、虾、蟹、贝的不同生活习性，充分利用水面和水体。

把平面的物品立体化，就会扩展出新的事物：3D电影、VR眼镜、全息摄影、3D打印等。

234 实　践

在日常生活中，我们把研究对象的形状、大小、远近、深度、广度、内涵、外延或表现形式等进行无限扩展，往往会出现意想不到的结果。

扩展思维的形式和方法多种多样，大致可分以下几种。

功能扩展：以某种事物的功能为扩展点，设想出获得该功能的各种可能性。例如，尽可能多地设想砖头的用途，砖头可以盖房子、写字、击打等。

结构扩展：以某种事物的结构为扩展点，设想出利用该结构的各种可能性。例如，尽可能多地列举不同结构的交通工具，有单轮自行车、三轮自行车、躺着骑行的自行车等。

形态扩展：以事物的形状、颜色、音响、味道、明暗等为扩展点，设想出利用某种形态的可能性。例如，尽可能多地设想利用红色可以做什么，红色的光线可以做信号灯、红色的笔可以写字等。

组合扩展：从某一事物出发，尽可能多地设想与另一事物结合，成为具有新价值的新事物的各种可能性。例如，尽可能多地说出手电筒可以同哪些东西组合在一起，它可同拐杖组合、可同打火机组合、可同自行车组合等。

方法扩展：以解决问题的某种方法为扩展点，设想出利用该方法的各种可能性。例如，尽可能多地设想用什么方法在木板上打孔，可以在木板上养一条虫子来啃，用火烧等。

因果扩展：以某个事物发展的结果作为扩展点，推测造成此结果的各种原因。例如，尽可能多地设想造成下水道堵塞的原因，如掉进去一块抹布、年久污物过多等。

关系扩展：从某一事物出发作为扩展点，尽可能多地设想与其他事物的各种联系。例如，尽可能多地说出狼与人类的关系，如狼吃鼠类动物，可以减少鼠疫的发生，保护了人类的健康；狼的毛可以为人类做毛笔等。

要提高我们扩展思维的能力,首先要做好以下三个方面的准备。

第一,扩大知识面,丰富信息储备。一个人知识和信息储备得多与少,对于思维的广度和深度有着重要的影响。一个人的知识面宽了,信息量大了,他思维的可扩展空间自然也就大了。

第二,保持丰富的情感和强烈的好奇心。要在生活中保持乐观和自信,丰富的情感使大脑高度兴奋和活跃。而丰富的情感能激发一个人强烈的好奇心。好奇心是激发创新思维的起点。遇事时,想想这件事能否更大一些、更多一些、更快一些、更好一些、更……一些?不断地扩展思维空间。

第三,扩张联想、富于幻想。许多思维的联结和扩张常常表现为由表及里、由此及彼的顿悟。一个人要善于举一反三、触类旁通,抓住生活中的偶发事件产生丰富的联想。

我们常常是一提笔**写文章**就"头疼",不知道应该从哪里下笔,不知道怎样把所要描述的事物表述得全面、清晰、生动。主要原因就是思路狭窄,这时需要我们打开思路、扩展思维,使自己进入一个"思接千载,视通万里"的写作状态。

第二节
扩展思维运动

用一个"鸟"字扩展开来,可以扩展成一句话、一段话、一个故事,甚至可以扩展成一部小说。

鸟。

一只小鸟。

一只漂亮的小鸟。

一只有着黄色羽毛的漂亮小鸟。

一只有着黄色羽毛的漂亮小鸟在草地上。

一只有着黄色羽毛的漂亮小鸟在草地上快乐地觅食。

在微风中,一只有着黄色羽毛的漂亮小鸟在草地上快乐地觅食。

在微风中,一只有着黄色羽毛的漂亮小鸟在草地上快乐地觅食,它一会儿飞起,一会儿落下。

在微风中，一只有着黄色羽毛的漂亮小鸟在草地上快乐地觅食，它一会儿飞起，一会儿落下，寻找着同伴。

在微风中，一只有着黄色羽毛的漂亮小鸟在草地上快乐地觅食。它一会儿飞起，一会儿落下，寻找着同伴。这时，天边飘来一朵乌云。

在微风中，一只有着黄色羽毛的漂亮小鸟在草地上快乐地觅食。它一会儿飞起，一会儿落下，寻找着同伴。这时，天边飘来一朵乌云，下起了小雨。

在微风中，一只有着黄色羽毛的漂亮小鸟在草地上快乐地觅食。它一会儿飞起，一会儿落下，寻找着同伴。这时，天边飘来一朵乌云，滴滴答答地下起了小雨。

在微风中，一只有着黄色羽毛的漂亮小鸟在草地上快乐地觅食。它一会儿飞起，一会儿落下，寻找着同伴。这时，天边飘来一朵乌云，滴滴答答地下起了小雨，这雨下得越来越大。

在微风中，一只有着黄色羽毛的漂亮小鸟在草地上快乐地觅食。它一会儿飞起，一会儿落下，寻找着同

第二节
扩展思维运动

伴。这时,天边飘来一朵乌云,滴滴答答地下起了小雨,这雨下得越来越大,一会儿草地上就都是水了。

在微风中,一只有着黄色羽毛的漂亮小鸟在草地上快乐地觅食。它一会儿飞起,一会儿落下,寻找着同伴。这时,天边飘来一朵乌云,滴滴答答地下起了小雨,这雨下得越来越大,一会儿草地上就都是水了,小鸟躲在了一棵大树上。

在微风中,一只有着黄色羽毛的漂亮小鸟在草地上快乐地觅食。它一会儿飞起,一会儿落下,寻找着同伴。这时,天边飘来一朵乌云,滴滴答答地下起了小雨,这雨下得越来越大,一会儿草地上就都是水了,小鸟躲在了草地旁的一棵大树上。

在微风中,一只有着黄色羽毛的漂亮小鸟在草地上快乐地觅食。它一会儿飞起,一会儿落下,寻找着同伴。这时,天边飘来一朵乌云,滴滴答答地下起了小雨,这雨下得越来越大,一会儿草地上就都是水了。小鸟躲在了草地旁的一棵大树上,大树上还有一群它的同伴。

在微风中,一只有着黄色羽毛的漂亮小鸟在草地上快乐地觅食。它一会儿飞起,一会儿落下,寻找着同伴。这时，天边飘来一朵乌云，滴滴答答地下起了小雨，这雨下得越来越大，一会儿草地上就都是水了。小鸟躲在了草地旁的一棵大树上，大树上还有一群它的同伴，一起鸣叫着。

在微风中，一只有着黄色羽毛的漂亮小鸟在草地上快乐地觅食。它一会儿飞起，一会儿落下，寻找着同伴。这时，天边飘来一朵乌云，滴滴答答地下起了小雨，这雨下得越来越大，一会儿草地上就都是水了。小鸟躲在了草地旁的一棵大树上，大树上还有一群它的同伴，一起快乐地鸣叫着。

在微风中，一只有着黄色羽毛的漂亮小鸟在草地上快乐地觅食。它一会儿飞起，一会儿落下，寻找着同伴。这时，天边飘来一朵乌云，滴滴答答地下起了小雨，这雨下得越来越大，一会儿草地上就都是水了。小鸟躲在了草地旁的一棵大树上，大树上还有一群它的同伴，一起叽叽喳喳快乐地鸣叫着。

在微风中，一只有着黄色羽毛的漂亮小鸟在草地上快乐地觅食。它一会儿飞起，一会儿落下，寻找着同伴。这时，天边飘来一朵乌云，滴滴答答地下起了小雨，这雨下得越来越大，一会儿草地上就都是水了。小鸟躲在了草

第二节
扩展思维运动

地旁的一棵大树上,大树上还有一群它的同伴,一起叽叽喳喳快乐地鸣叫着。**突然……**

大家再用"沙漠"两个字,扩展成一个故事;

用"秋千"两个字,扩展成一个童话故事;

用"蜗牛"两个字,扩展成一个300字的励志故事。

一件**新产品**从一上市的引人注目,经过一段时间的热销,到后来的无人问津,它是有生命的,只是生命周期的长短不同。在当今激烈竞争的环境下,大多数企业都面临着产品生命周期越来越短的压力,当一个产品进入衰退期后,就要尽快考虑推出新产品来填补市场空缺。企业要在同行业中保持竞争力并能够占有市场份额,就必须不断地对产品进行扩展想象,开发出新的产品。

一件新产品的开发可分为以下三种创新方式。

全新新产品,是指原先没有类似的产品,是利用全新的技术或原理生产出来的全新产品。

改进新产品,是指在原有产品的技术或原理的基础上,采用新技术、新结构、新方法或新材料等,使这一产品在性能上有了明显的进步。

换代新产品,是指对原有的产品采用相应的改进技术,使这一产品有了较大的变化,是一种产品的更新换代。

在当今时代,要开发出一种全新产品已经非常困难了,多数是对现有产品的改进或换代。我们面对一个熟悉的产

品，应该以陌生的眼光去观察、思考，根据状态、特性、功能、颜色、形状等要素，逐项进行扩展，使之成为我们需要的创新产品。

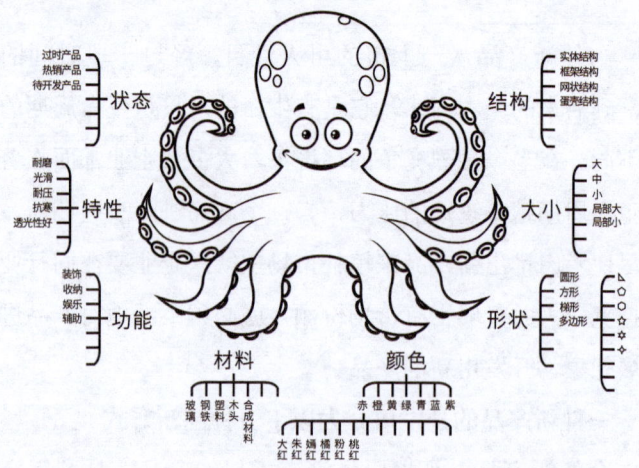

根据上图所提示的选项对某一产品进行扩展想象

以糖果盒作为例子，对它的各个构成要素进行扩展想象。

（1）从状态扩展，我们首先分析一下糖果盒这一产品的状态，它从古至今都属于我们常备日用品，今后也不会消亡。但它要不断地更新，只有从外形、功能、结构、色彩等方面不断创新，才能紧跟时代的需求。我们需要不断地对它进行扩展思考，才能将原本已经过时的日用品，由滞销状态，变成令人耳目一新的新产品，重新被消费者认可，甚至成为热销产品。

（2）从特性扩展，在家庭里使用的糖果盒，一般要求耐用、使用方便；在高级接待场所，要求精致、高档、华丽；在南方的潮湿地区，要求糖果盒对糖果具有防潮作用，在糖果盒的某个部位设置放干燥剂的空间；在北方干燥地区，糖果盒对糖果具有抗氧化作用，要求糖果盒能够遮光、密封性好；如果把糖果盒作为某一食品的包装盒，那就要求糖果盒的外观新颖、美观，能够凸显商品的特质，如葵花籽的包装盒的外形可以设计成一粒大的葵花籽。

（3）从功能扩展，要求装饰效果好，收纳作用强，实现多种用途等。可以在糖果盒的某个部位增加一个果皮收集盒，方便收集和清理果皮；增加一个手机支架，休闲时边吃零食，边刷手机；增加一个旋转装置，使它旋转起来；再增加八音盒或电子音乐；还可以增加一个烛台或电子发光件，在节庆、聚会时烘托出喜庆的气氛。

（4）从材料扩展，制作糖果盒的材料可以用木头、塑料、玻璃、不锈钢、藤编、陶瓷、漆器、珐琅、皮革、竹子、布艺、卡纸等。可以把藤编小筐子用作瓜子、杏仁、核桃等干果的外包装，这样既是干果的包装盒又是环保的糖果盒，可以激发消费者的购买欲。还可以用藤编、竹编、草编等制作成小篓子、小蒸笼、小簸箕外形的糖果包装盒；用高级木头做糖果盒，外面雕刻上精美的木雕，放在高档消费场所，能够与华丽的环境相协调。

(5)从颜色扩展,糖果盒可以是大红、浅绿、粉红等色彩,也可以是几种颜色的搭配,还可以是花鸟、人物、卡通画等各种图案。图案可以是京剧脸谱、圣诞老人、龙凤图、八卦图、福字、寿字、双喜字、招财猫、古方孔钱图案上加"招财进宝"4个字等。

(6)从形状扩展,糖果盒可以设计成圆形、方形、多边形、心形、花瓣形、莲花座形、桃形、苹果形、葵花形、香蕉形、蘑菇形、南瓜形、花生米形、瓜子形、贝壳形、鱼形、蝴蝶形、熊猫形、灯笼形、鼓形、绣球形、宝葫芦形、金元宝形、生日蛋糕形、水晶体形、小房子形等。

(7)从大小扩展,糖果盒可以做成大、中、小各种规格,也可以把它的局部做大或做小。例如,可以做成俄罗斯套娃式,有各种不同的规格,不同场合或盛放不同的糖果时,用不同的规格,不使用时,还可以把它们套装在一起,便于收纳。

(8)从结构扩展,可以做成单层的、多层的,单空间的、多空间的等。做成多边形的或积木结构的糖果盒,把糖果盒摆放在桌面上时,可以拼出各种造型。例如,把糖果盒做成可以多层摞在一起的结构,并对外形进行不同的设计,可以设计成中式古塔、教堂、小洋房等造型。

第二节
扩展思维运动

我们开发出怎样的产品才算是一件成功的新产品呢？新产品开发是一个十分复杂的过程，一种新产品要经过预测、可行性分析、决策、科研、设计、生产、销售、广告等许多环节才能走上市场。产品的功能、质量、包装、价格、商标和名称等每个要素，对新产品能否在市场上热销都起着至关重要的作用。一件新产品上市后能否<u>为市场所接受</u>，是检验这一产品设计是否成功的主要标准。

成功的新产品通常具有以下特征。

微型化、轻便化。在保障质量的前提下，使产品的体积更小、重量更轻，更便于移动或携带。

简易化。尽量在结构上更简单，在使用方法上更方便操作，在维护上更容易维修。

多功能化。具有多种用途，既方便消费者的使用，又能提高消费者的购买兴趣。

优点突出。新产品相对于市场原有的产品来说具有独特的长处，如性能好、质量高、使用方便、携带容易或价格低廉等。

实用性强。新产品必须适应人们的消费习惯和人们对产品的观念，有很强的实用性。

节能和环保。新产品应属节能型，或对原材料的消耗很低，有利于保护环境。

引导潮流。新产品能体现时代精神，时代感强，能够

培植和引发新的需求,形成新的市场。

假如我们想开一家面馆,先得给面馆起一个名字,这个名字就是店铺的**招牌**。招牌是最原始也是最基本的招揽顾客的方式。一个有创意的招牌,才容易被顾客识别、记忆和传播。要想让顾客对招牌过目不忘,首先要简单好记、朗朗上口;其次要有个性、有寓意。那么,我们用扩展思维给一家面馆起个名字。一家面馆的主打产品一定是面条,招牌里当然最好出现"面"字。汉语的词汇和语句丰富多彩、博大精深,从"面"字扩展开来,发掘一个符合自己经营理念和特色的招牌:面对面馆、多面手面馆、好面子面馆、见世面馆、面面俱到面馆、四面八方面馆、独当一面馆、满面春风面馆、春风满面馆、笑容满面馆、春风拂面馆、体体面面馆、红光满面馆、面目一新面馆、耳闻不如见面馆……

找一首有"面"字的古诗词,如唐代诗人崔护的《题都城南庄》:

去年今日此门中,人面桃花相映红。
人面不知何处去,桃花依旧笑春风。

那么,面馆的招牌来个"相映红面馆"(经查询,"相映红"已被注册为餐饮类商标),虽然没有直接引用诗词里的"面"字,但可以使人联想起"人面桃花相映红"的诗句来。再把面馆装饰成以桃花为主题的风格,说不定还会让回头客想起"去年今日"的故事。

第二节
扩展思维运动

甲：干吗呢？

乙：上班。

甲：上班忙吗？

乙：不忙。

甲：哦！

乙：哦！

……

和初次见面的人**聊天**，说上三句话就没话说了，把聊天聊"死"了。那样双方都会感到很尴尬。怎样找到恰当的话题，不出现冷场，拉近彼此的距离，甚至能够迅速建立起亲热关系呢？那么，我们就要利用扩展思维，去寻找话题，并把话题扩展开来，延伸下去。可以先从衣、食、住、行、玩及个人经历等方面开始，寻找共同喜欢的话题。然后根据对方说话的内容，发现对方的兴趣点，从对方的喜好延伸话题。

聊衣：可以通过聊时尚、美容、体形等，引出对方感兴趣的话题，并发掘他身上的亮点，称赞他。

聊食：在聚餐时，可聊这个餐厅的特色菜，还可以引申到当地的餐饮文化、其他地区的餐饮趣闻，以及餐饮业的经营管理等。

聊住：通过聊出生地、居住地、籍贯、家庭等，找到有同感的话题，迅速拉近距离，提升彼此的亲切感。

聊行：聊你出行过程中遇到的人、事、风景、交通、发生的趣闻，话题可随意，不受限制，主要为了烘托气氛。

聊玩：可聊个人爱好、兴趣或技能，如文学、体育、音乐、绘画等，最好是能够找到双方共同的爱好，这样的聊天必定会轻松而热烈。

聊个人经历：聊自己的个人经历，聊共同的朋友或熟人，也可以引发对方聊自己的个人经历，这样可以表露自己的价值观及人品，也可以了解对方的价值观及人品，有利于产生双方的情感共鸣。

《三十六计》中的第七计——**无中生有**，就是一种扩展思维，本来是"无"，但通过扩展思维就生成了"有"。

位于浙江省金华市的横店影视城，号称"东方好莱坞"。其中的"明清宫苑"是一个仿照北京故宫，按照一比一的比例建造的景点，它最大的特点是游客可以参与到景点中，扮演皇上、皇后、公主、宫女、将军等角色。2019年，这个景点接待游客1918万人，同年北京故宫接待了1900万人，故宫淡季门票是60元，旺季是80元，而它的门票是180元。一个"无中生有"的景点，体现了浙江人用"无中生有"的扩展思维智慧创造财富的能力。

第二节
扩展思维运动

幽默是能使很多场合活跃起来的"调味剂",产生幽默的一种技巧就是夸大,经过刻意夸张,把一件事情放大再放大,放大到荒诞的程度。我们在给别人讲述一件事、一个故事或者是一个道理的时候,根据不同听众的口味,把情节扩展开来,这样就慢慢把自己培养成了一个讲故事、说笑话的高手,成为一个有趣的人。在你能够把一件平常的事情夸大到使人哈哈大笑时,就说明人们对你智慧的欣赏——这家伙,真能想出来!

一个人犯了偷窃罪被抓进监牢,同一牢房的人问他:"你犯了什么罪?""唉!"那人长叹一声,委屈地回答:"人倒了霉,喝水都要塞牙的。我偶然在地上见到一根草绳,心想以后会有用,就随手拾了起来,这就给人捉住了。"同一牢房的人疑惑地问他:"拾了一根草绳就算是犯罪吗?"他这才继续说:"最倒霉的是绳子的那头还绑着一头牛哩!"

一位老板准备和另一个公司进行合作,他到这家公司进行考察,问道:"你们公司的销售业绩怎样?"陪同人员答道:"哦,我们公司销售部签的合同太多,太费墨水了,您看到门口的大水缸了吗?是专门用来放墨水的。"

小明偏要干一件不自量力的事情,怎么劝也不听,于是我给他讲了四个故事。

故事一:一头大象不小心踩到了蚂蚁窝,蚂蚁们愤怒了,倾巢而出,纷纷爬到大象身上。大象抖抖身子,蚂蚁们都掉了下来,只剩下一只蚂蚁还紧紧抓着大象的脖子,蚁群在下面一起给这只蚂蚁鼓劲:"掐死它!掐死它!"

故事二:一头大象不小心踩到了蚂蚁窝,大象害怕了,撒腿就跑,蚂蚁们在后面狂追。这时,有两只蚂蚁正要回巢,看见大象从对面跑来,一只蚂蚁赶紧拉另一只蚂蚁躲到一棵大树后面,并朝外面伸出了一条腿。另一只蚂蚁问它:"这是干什么?"它答道:"嘘,小声点,我绊它一个跟头。"

故事三:一头大象不知道什么原因摔伤了,失血过多,住进了医院。蚂蚁们听到这个消息,成群结队地赶到医院。护士问道:"你们来干吗呢?"蚂蚁们抢着回答:"我们是来给大象献血的!"

故事四:大象和蚂蚁是好朋友,一天,它们约好去游泳。大象脱衣下水开始痛快地游了起来,蚂蚁在岸边的衣服堆里翻来翻去,然后对水里的大象高喊:"大象!你上来一下!"大象走到岸上问:"怎么啦?"蚂蚁说:"没事,没事,我看看你是不是穿了我的泳裤。"

4 234 训 练

Ⅰ. 找一个成语开头，进行成语接龙游戏。例如，一元复始→始料不及→及时行乐→乐……

Ⅱ. 列举50个以"一"开头的成语。例如，一日千里、一意孤行、一劳永逸……

Ⅲ. 和中国古诗词爱好者一起玩"飞花令"的文字游戏。例如，以"江"字进行游戏——迟日江山丽，春风花草香；孤舟蓑笠翁，独钓寒江雪；野径云俱黑，江船火独明；野旷天低树，江清月近人；至今思项羽，不肯过江东……

Ⅳ. 将"口"字任意加两个笔画，看看能组成多少个汉字。例如，巴、目、史……

Ⅴ. 列举30种两个物品的连接方法。例如，胶粘、线缝、捆绑……

Ⅵ. 画100个小圆圈，分别在每个小圆圈上画几笔，改成各种图案。例如，太阳、太极图、笑脸、纽扣……

Ⅶ. 列举30种可以写书法的工具。例如，牙刷、口红、羽毛。

第三节

联想思维运动

234 概　念

联想思维是由一种事物的表象、动作或特征联想到另一种事物的表象、动作或特征的思维活动。它是通过两种以上事物之间存在的关联性与可比性，去扩展人脑中固有的思维，使其由旧见新，由已知推未知，从而获得更多的设想、预见或推测。通俗地讲，联想是由于某人或者某事而引起的相关思考，人们常说的"由此及彼""由表及里""举一反三"等都是联想思维的体现。

简单地说，就是把思维"联一联"，通过我们丰富的想象力，由这件事情想到另一件事情。

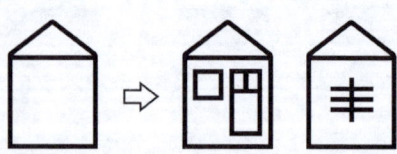

2 234 案例

宋徽宗赵佶喜爱书画,常出题考画家。有一次,他出的题目是"深山藏古寺"。各位画家尽显才华,有的在画中画了寺庙的一角,有的在画中画了寺庙的一段墙垣,都在努力贴近题目的主题。其中有位画家,他画的是崇山峻岭之中,一股清泉飞流直下,跳珠溅玉,有位老和尚在溪水边挑水。画里根本就没有画寺庙,皇帝看了这幅画却赞不绝口。原来,就这么一个挑水的和尚,就把"深山藏古寺"这个题目表现得含蓄而深邃。和尚挑水,当然是用来烧茶煮饭、洗衣浆衫的。这就让人联想到附近一定有寺庙,和尚年迈,还得自己来挑水,可以想象到那寺庙是座破败的古寺庙。这座寺庙一定是在深山中,画面上看不见,就把"藏"字表现出来了,更切合了"深山藏古寺"的题意。

1851年,英国需要为第一届世博会建造一座大型的场馆,中标的设计者是一位叫约瑟夫·帕克斯顿的园艺师,当时他就任德文郡公爵的园艺总管。他从花房的结构和外形中受到启发,提出了"水晶宫"设计方案。他发现浮水植物王莲有很大的圆形叶片,背面有许多相互交错的叶脉骨架结构，里面还有气室使得叶子稳定地浮在水面，一个体重35千克的人坐在上面也不会下沉。受王莲叶脉骨架结构的启发，他以钢铁构建建筑的框架，用预制铁件装配，上面覆盖玻璃，建造了一座顶棚跨度很大的展览大厅，建筑面积为罗马圣彼得大教堂的4倍。这座既轻巧又雄伟的建筑，开创了近代"功能主义"建筑的先河。

 商标是消费者对商品的第一印象，是一个企业的重要形象。一个好的商标应富有深刻的内涵和寓意，具有

巧妙的象征性，总会使人产生联想。例如，我们都知道"知识改变命运"，教育类机构注册一个商标——**转折点**，"转折点教育"使人们联想到通过教育和学习，改变自己的人生轨迹，是一个非常有寓意的商标。又如，白酒的"五粮液"商标、糕点的"稻香村"商标、啤酒的"小麦王"商标、汽水的"北冰洋"商标、洗发水的"飘柔"商标等，都能够使消费者对产品产生丰富的联想。

3 234 实 践

联想是由此及彼的思考，一个联想丰富的人，思维能够迅速地从一类对象转变到另一类内容相隔很远的对象上。一个人如果不会联想，学一点只知道一点，他的知识不仅是零碎的、孤立的，而且是有限的。如果善于联想，就会由一点扩展开来，举一反三、闻一知十、触类旁通，以至产生认识上的飞跃。我们为了在创新上取得成果，必须"左思右想"，只有广泛涉猎其他领域，才能大大提高创新成功的机会。"他山之石，可以攻玉。"广采各种各样山石，才能够创作出玲珑剔透的玉雕。杨振宁教授说："科学是包罗万象的事业，它需要各方面的才能，如果一个人在年轻时就已经对几个领域感兴趣，那他以后就会更有发展前途。"

联想思维的形式一般分为以下三种。

接近联想。甲、乙两事物在空间或时间上接近,在日常的生活经验中又经常联系在一起,已形成巩固的条件反射,于是由甲联想到乙。例如,看到学生,可联想到教室、实验室、操场、课本、书桌等;看到汽车,就想到加油站、高速路、红绿灯等。

类比联想。对某一事物的感受引起对与其在性质上或形态上相似的事物的联想。例如,说起"大江",有人联想到"大江东去,浪淘尽,千古风流人物",也有人联想到"问君能有几多愁,恰似一江春水向东流"。

对比联想。对某一事物的感受引起对和它有相反特点的事物的联想。例如,由黑想到白,由沙漠想到森林,由光明想到黑暗等。

仿生学指人类模仿生物功能,来进行发明创造的科学。它是我们利用联想思维,向生物界索取灵感的一种方式。自然界历经了亿万年神奇的进化和演变,聚集了无数种解决问题的优秀方案,等待着我们去发现、挖掘,我们可以把它的精华部分应用到我们的现实生活中。

我们认真研究植物的"茎",从中可以获得很多启发。竹子的竹节处有横隔相连,与竹身构成一个整体,加强了中

第三节 联想思维运动

空细长的竹竿的刚度和稳定性,可以协调变形,共同参与抗弯。那么,我们在建造高层建筑时,设计一种类似的建筑结构,可提高建筑的抗震性。同时,受到植物茎节生长的启发,人们发明了"春笋建筑法",把每一层墙板从高度上分成三四段预制好,然后用液压顶以1米的行程,反复顶升,可以很快"长"成设计的建筑,这样使建筑的强度和建造的速度都得到了提升。又如,自行车车架"空心管"的设计灵感正来自麦秆,麦秆可以支持比它重几倍的麦穗,借鉴其"空心"结构,制成的自行车既有足够的强度,又减轻了车身的重量。

仿竹节结构的上海金茂大厦

仿生的类型有以下五种。

原理仿生。模仿生物的生态特征及原理进行创新设计的方法。例如,模仿乌贼靠喷水前进的原理研制的"喷水船"。

结构仿生。模仿生物的结构特征进行创新设计的方法。例如,蜂窝结构材料是模仿蜂房独特、精确的正六边形结构生产的,具有强度高、重量轻、省材料的特点,这种材料被广泛应用到建筑、飞机、火箭等领域。

外形仿生。模仿生物某器官的外形特征进行创新设计的方法。例如,模仿蝗虫的行走方式研制的六腿行走车,可以在崎岖不平的山路中行进。

信息仿生。模仿生物的嗅觉、视觉、触觉、听觉等感觉进行创新活动的方法。例如,模仿蜻蜓的复眼,研制出多镜头、360°全方位的摄像头。

拟人仿生。模仿人体结构和功能进行创新设计的方法。例如,模仿人的手臂设计的挖掘机、工业手臂机器人等。

总之,在运用仿生法时,要认真观察和研究自然界中千姿百态的生物,掌握它们的原理和特征,并大胆巧妙地进行联想,把它运用到我们的创新活动中。

在日常的学习、生活、工作中,我们可以把一个需要解决的问题时刻"**挂在脑子**"里,不停地和我们所看到、想到的事物进行关联,遇到某一时机就可能撞击出灵感的火花。丰富的联想会发掘出一些很有创意的发明:

第三节 联想思维运动

伞形星座图、充气地球仪、标长度的腰带、哑铃外形的饮料瓶、小雪人外形的饮料瓶、保龄球外形的饮料瓶（外观设计专利，专利号：02304680.5）、可搭积木的砖形饮料瓶（实用新型专利，专利号：02287732.0）、钢琴外形的电话机（外观设计专利，专利号：94303156.7）等。

钢琴外形的电话机

蒙古包是蒙古族牧民居住的一种房子，是游牧民族智慧的结晶，很多世纪以来，蒙古包就是这个民族最具代表性的特征物。中国人类学家吴文藻先生在20世纪30年代曾到内蒙古自治区锡林郭勒盟考察，他发表了考察报告《蒙古包》，他在报告中写道："蒙古包是蒙古族人物质文化中最显著的特征。可以说，明白了蒙古包的一切，便是明白了一般蒙古族人的现实生活。"这句话精辟地指出蒙古包在游牧人生活中占据的重要地位。那么，我们把"蒙古包"设计成内蒙古自治区生产的一些商品的外包装，如"蒙古包外形的瓶子"(外观设计专利,专利号:96307060.6)、"蒙古包外形的食品包装盒"(外观设计专利,专利号:99303735.6),用这一传统的、具有民族地域特征的产物和商品联系在一起,就完美地呈现了内蒙古自治区的地方特色商品。

蒙古包外形的食品包装盒和瓶子

第三节
联想思维运动

广告创意的目的是引起人们的关注,而能够使人产生联想的创意,往往会吸引大家的注意力,不但使人深深记住了这个广告的主体,更领会了这个广告的内涵。

在广告中,有一个好的**概念**,能够让消费者产生丰富的正面联想。例如,某一饮料企业的广告,说它的果汁饮料是由三种水果调制而成的,广告词是:喝前摇一摇。"摇一摇"最形象直观地暗示消费者,它是由三种水果调制而成,摇一摇可以使口味统一。另外,更绝妙的是无声胜有声地传达了果汁含量高——因为它的果汁含量高,摇一摇可以将较浓稠的物质摇匀,"摇一摇"就是"我有货"的潜台词。还有"乐百氏27层净化""农夫山泉有点甜""金龙鱼1∶1∶1"等,都是通过一句话,一个意境,让人们对这个品牌产生一连串美好的联想。

在广告中,**音乐**起着非常重要的作用,使消费者通过听觉引发对广告对象的联想。有一种说法:音乐作为广告中的重要组成部分,作用不亚于一个有影响力的名人。据研究表明,如果使用得当,音乐可以使观众或听众处于更积极的情绪中,能够减少批判性思维和对细节的注重,从而更直接地依赖直觉做出决策。每个品牌、每个广告、每个情境都是独一无二的,我们的大脑对不同情境、不同音乐的反应不同。如果品牌和音乐特质配合得好,就能产生"声音品牌"的效应。如果长期在某一品牌广告中使用同样一段音乐,也可以创造出一个长效的联想纽带,消费者一听到这段音乐就能产生和品牌相关的联想。

在广告中,**画面**使消费者对广告对象起到的联想作用是最直接的。平面或视频广告正是充分利用视觉,将生动的画面或视频直接呈现给大众,一些能够使消费者产生联想的画面,不但能够吸引消费者的注意力,更强化了广告对产品信息、品牌信息的说服效果。例如,某运动鞋的一则广告,画面上并列着一只这一品牌的运动鞋和一只豹爪,仅仅通过这一幅画面,消费者就会立刻将运动鞋的特点和豹子的特点进行联想。豹子代表着"速度、敏捷、轻巧",运动鞋同样需要具备这些特性,而这一画面就充分强化了消费者对运动鞋这一产品属性特征的联想。

某乳业公司高钙奶的广告

第三节
联想思维运动

一个好的徽章、徽标、商标等**识别标志**的设计,要求形象明朗,引人注目,而且易于识别、理解和记忆。一个优秀的设计师会凭借联想思维,借用有一定象征意义的事物,来比喻或暗示一种理念。反过来,这一识别标志又会使人产生无限的联想,通过联想又领会了识别标志所表达的深意。

北京大学的校徽是鲁迅先生设计的,"北大"两个篆字上下排列,上部的"北"字是背对背侧立的两个人像,下部的"大"字是一个正面站立的人像,有如一人背负二人,构成"三人为众"的意象,给人以"北大人肩负着开启民智的重任"的想象。文字造型既是中国传统的瓦当形象,又是一具脊梁骨的形象,借此希望北京大学的毕业生成为能够担当重任的国家栋梁,有着"脊梁"的象征意义。

中国人民铁道的路徽是由"工人"二字构成的,整体呈现一幅火车头的形象,下方的"工"字是铁轨的横截面,简洁和形象地传达了铁路的特征,行业属性跃然而上。这个路徽设计于1950年,今天看来仍然现代感十足,实属设计中的经典!设计者为陈玉昶。

中国银行的行徽设计颇具中国风格,体现了中国特色。设计者采用了中国古钱与"中"字为基本图形,中间方孔,上下加垂直线,成为"中"字形状,寓意天方地圆、经济为本,给人的感觉是简洁、稳重、易识别。设计者为靳埭强。

第三节
联想思维运动

四川博物院的徽标设计完美地利用了"四川"两个字的轴对称特性,上下组合成一个"鼎"的造型,既通过文字传达出博物院的地域性,也通过鼎的抽象图形突出了馆内青铜器藏品的特色,整体感觉稳重肃穆。"对称""深红"等元素都符合中国传统气质,从字形到图像都不失新意又形神兼备。

中国桂林旅游的标志设计者利用山、水、云等元素的倒影关系,巧妙地勾勒出"桂林"字样。如此一来,文字和"桂林山水甲天下"的风貌完美地融为一体。

诗词,中国古代的许多文人墨客骨子里有着含蓄和内

敛的性格，他们在表情达意时往往不直抒胸臆，而是以一种较为含蓄的方式来表达自己的感情。比如，比兴手法、暗喻手法、借喻手法等。这些方式往往"犹抱琵琶半遮面"，给人一种悬念之感，朦胧之美，多了些"委婉曲折"，多了些"曲径通幽"，多了些"思想内涵"，多了些"哲理意蕴"。这样有寓意的、深刻的、需要让人揣摩的东西，才会显得更加珍贵而且有价值，有一种让人探究和回味的欲望，这恰恰是中国古代文人高明之所在。在浩瀚的中国古诗词的海洋里，有一大批具有优美意境的诗句，由于丰富而深刻的联想意义而成为千古传颂的佳句。

唐代诗人王维的《使至塞上》：
单车欲问边，属国过居延。
征蓬出汉塞，归雁入胡天。
大漠孤烟直，长河落日圆。
萧关逢候骑，都护在燕然。

此诗中"大漠孤烟直，长河落日圆"这一句，作者能够从"孤烟劲拔的直"联想到"落日柔美的圆"，从"寂寞干涸的大漠"联想到"波涛汹涌的长河"，从"青色的孤烟"联想到"鲜红的落日"。通过寥寥的10个字，使人产生丰富的想象和联想，呈现一幅奇妙壮观的画面，诗画结合，场景开阔鲜明，气势雄浑，成为千古名句。诗人通过对塞外风光的描写，表达了自己由于被排挤而产生的孤独、寂寞、悲伤之情。

第三节 联想思维运动

唐代诗人白居易的《忆江南·江南好》：
江南好，
风景旧曾谙。
日出江花红胜火，
春来江水绿如蓝。
能不忆江南？

此诗中"日出江花红胜火，春来江水绿如蓝"这一句，朝阳映照着江边的花朵（另一种说法是江里的浪花）红得就像火焰，春天的江水绿得就像被蓝草浸染，一红一绿，异色相衬，光彩夺目，印象强烈，引人入胜。这样的"好江南"，不由得使人在脑海里产生了无尽的想象和联想，即使未去过江南，也对江南产生了神往。

唐代诗人李白的《夜宿山寺》：
危楼高百尺，手可摘星辰。
不敢高声语，恐惊天上人。

此诗运用了极其夸张的手法，描写了寺中楼宇的高耸，表达了诗人对古代庙宇工程艺术的惊叹，以及对神仙般生活的向往和追求之情。全诗无一生僻字，却字字惊人，堪称"平字见奇"的绝世佳作。寥寥数笔，就酣畅淋漓地表现出人在高处的愉悦、豪放和率直，给人以丰富的联想和身临其境之感。

歇后语，也叫俏皮话，是汉语语汇里一种特殊的语言形式。它一般是将一句话分成前后两部分：前一部分是隐喻或比喻，起"引子"作用，像谜面；后一部分是意义的解释，起"后衬"的作用，像谜底。通常说出前半截，"歇"去后半截，就可以让人领会和猜想出它的本意，所以称为歇后语。歇后语短短的一句话或几个字，使人通过联想，领会了对方要表达的寓意。这种启动了人们联想思维的语言形式，使语言的表现力更生动、形象、风趣。例如：

刘备借荆州——只借不还

刘备摔孩子——收买人心

八仙过海——各显神通

八仙聚会——神聊

八月十五吃元宵——与众不同

八月十五吃粽子——不是时候

八月十五过端阳——晚了

和尚打伞——无法无天

和尚训道士——管得宽

白骨精演说——妖言惑众

白骨精打跟头——鬼把戏

白骨精扮新娘——妖里妖气

白骨精遇上了孙悟空——原形毕露

闭着眼睛哼曲子——心里有谱

闭着眼睛蹚河——听天由命

闭着眼睛跳舞——盲目乐观

闭着眼睛和面——瞎掺和

唱戏打边鼓——旁敲侧击

唱戏的吹胡子——假生气

唱戏的抖三抖——假威风

唱戏的人掉眼泪——可歌可泣

程咬金的斧头——就这两下子

程咬金的三斧头——虎头蛇尾

拨浪鼓——两面光

薄刀切豆腐——两面光

老虎拉车——谁敢（赶）

斑马的脑袋——头头是道

板凳倒立——四脚朝天

半夜三更放大炮——一鸣惊人

抱着蜡烛取暖——无济于事

操场上捉迷藏——无地容身

幽默是化解生活困苦的良药，是快乐的催化剂，是点亮人生乐趣之光。著名剧作家萧伯纳曾说："幽默就是用最轻松的语言，说出最深切的道理，在表面上感到很可笑，如果继续往深层挖掘，便会从心底里会心一笑。"这段话里的"会心一笑"就是因联想而笑出来的。

某女：要想保持婚姻的幸福和长久，就要像我这样，找一位考古学家做自己的丈夫，因为妻子越老，他越爱她。

一个胆子特别小的人去医院拔牙，牙医见他害怕的样子，就递给他一杯酒，说："喝杯酒，壮壮胆儿。"过了一会儿，医生问他："你现在感觉怎样了？"病人瞪着红红的眼睛对医生恶狠狠地说："看你们谁敢拔我的牙！"

一位年轻的画家和一个朋友合租一套房子，画家说："我想在搬进来前，先把墙壁粉刷一下，然后我在墙上画一些画。"他朋友说："我看最好是你先在墙上画画，然后再粉刷墙壁吧！"

234 训 练

I. ⬡ 这个图形让你联想到了什么？例如，糖果盒、古塔的横截面……

第三节
联想思维运动

Ⅱ. ■ 这个颜色，让你联想到了什么？例如，橙色的衣服、杧果……

Ⅲ. 由"速度"这个概念，你联想到了什么？例如，光、高铁……

Ⅳ. 每个词语可以同将近10个词直接发生联想关系。那么，第一步有10次联想的机会（即有10个词语可供选择），第二步有100次机会，第三步有1000次机会，第四步有10000次机会，依次下去将无穷无尽。所以，联想可以是无限的，它为我们的思维运行提供了无限广阔的天地，我们不妨拿出纸笔来试试。

例如：土地→森林→……
　　　　→草原→
　　　　→沙漠→……
　　　　→湖泊→……
　　　　→高山→……
　　　　→桥梁→……
　　　　→大楼→……
　　　　→机场→……
　　　　→地震→
　　　　→大海→鲨鱼→……
　　　　　　　轮船→……
　　　　　　　海啸→……
　　　　　　　海鸥→……

海浪→……

珊瑚→……

海盗→……

海岛→……

椰树→……

潜艇→……鱼雷→……
→……

Ⅴ. 随意找两个概念词语，经过四五个阶段，通过联想建立起相互的联系。

电话——钢笔

打火机——花盆

茶杯——汽车

飞机——鸭子

音响——头痛

木头——足球

天空——烟囱

椅子——花生

挂历——衣服

例如，木头——皮球，是两个风马牛不相及的概念，但可以通过联想做媒介，使它们发生联系：木头——树林——田野——足球场——皮球。

天空——茶：天空——土地——水——喝——茶。

灯——污染：灯——灯塔——大海——鲸鱼——鲸鱼自杀——污染。

第三节
联想思维运动

Ⅵ. 运用接近联想,在下面的词语后面填上另一个词语。

例如:春天——鲜花。

雪——　　　　雨——　　　　风——

闪电——　　　太阳——　　　电灯——

黑板——　　　衬衣——　　　飞机——

Ⅶ. 将下列物品的特征相互联系,产生出新的物品。

衣服和气球

茶杯和冰箱

饮料瓶和小雪人

自行车和旅行箱

例如,灯泡和椅子。

玻璃材质——玻璃椅子

薄玻璃——薄型椅子

球形——球形椅子

螺纹口——螺纹口转椅

电能源——电动椅

遥控开关——遥控椅

第四节

逆向思维运动

1 234 概 念

逆向思维是对司空见惯的似乎已成定论的事物或观点反过来思考，从相反方向去探求新途径或办法的一种思维方式。

简单地说，就是把思维"反一反"，从相反的方向想办法，就是"反其道而行之"的思维方法。

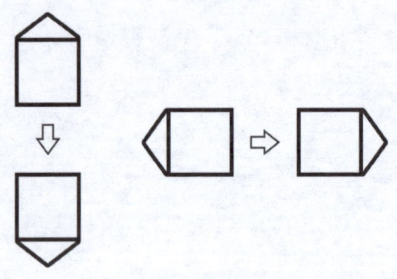

第四节 逆向思维运动

2 234 案例

北宋皇帝宋太祖赵匡胤欲灭南唐,南唐每年都要向北宋朝廷进献财物,南唐后主李煜想借这个机会说服宋太祖,改变他灭南唐的想法,就派了有雄辩之才的诗人徐铉前往。按照惯例,南唐进贡时,北宋朝廷需要钦点一名大臣陪同入朝。宋太祖知道派徐铉来的用意,本来应该选一个更加能言善辩的大臣来应对,他却找了一个目不识丁的侍卫假扮大臣来接待徐铉,任凭徐铉口若悬河、滔滔不绝,侍卫只是频频点头,笑而不语。徐铉自认为句句重磅,却无奈都"打到了棉花堆上"。等到宋太祖召见他时,他早已经身心疲惫了,宋太祖用逆向思维占据了主动的位置。

乌镇原先的知名度很低,远没有因画家陈逸飞画的一幅《故乡的回忆——双桥》而出名的周庄有名。2003年,由黄磊和刘若英主演的一部电视剧《似水年华》,剧组找周庄和同里的领导,想用这两个古镇作为拍摄基地,但这两个地方都要收取较高的场地租赁费,剧组负担不起。当时乌镇刚刚兴建起来,乌镇的领导听到这个信息,提出来不但不收取场地费,还要免费提供所有演职人员的餐饮和住宿,并且只要该剧的台词中有一个"乌镇",就给剧组1万元,结果23集的电视剧中说了360多个"乌镇",这部电视剧让"乌镇"迅速走进了千家万户。乌镇的领导没有把剧组当作"唐僧肉",见钱眼开,反而用逆向思维,给剧组投钱,这样剧组得了实惠,乌镇也名扬天下。

乌　镇

18世纪末,天花病在英国大暴发,它的传染性极强,致使英国约10%的人口死亡。英国乡村医生爱德华·詹纳发现奶场的挤奶女工只要感染过牛痘,就不再得天花病了。牛痘是人畜共染类病毒,和天花很相似,牛得了不会有生命危险,对人的伤害更是微乎其微。1796年5月,詹纳说服了自己家的园丁,给他的8岁儿子詹姆斯·菲普斯注射了一剂从一个奶场女工手上提取的牛痘胞液。男孩患了牛痘后发烧,一个多月后恢复了健康。接着詹纳在他伤口上滴入了天花痘液,奇迹出现了,男孩居然没有感染天花病

症。因此项成果，天花病在全世界范围被根除了，詹纳被后世尊称为"免疫学之父"。他就是用逆向思维，在无法隔绝病毒的情况下，主动接受病毒，逆向而行，以毒攻毒。

爱德华·詹纳

 234 实 践

我们在解决日常生活中的一些问题时，往往习惯于从正面去探求解决方案，如果我们改变思维习惯，从相反的方向、属性、状态等去思考，让思维向对立面的方向发展，从反面去认识事物，从而引发新思路、创立新方法、构建新形

象,这样往往会产生超常的构思和不同凡俗的新观念、新方法。

常见的逆向思维有以下三种方法。

反转型逆向思维法。这种方法是指从已知事物的相反方向去设想和寻求解决问题的新途径,从事物的功能、结构、因果关系等方面进行反向思考。

在德国一家生产书写纸的工厂,一位工人因弄错了配方,结果生产出的纸不能书写,成了废品。废品和正品是对立的两极,他想:为什么不倒过来想一想它还有什么用呢?终于他发现这种配方制作出来的纸的吸水性特别好,从而获得了生产吸水纸的专利。

转换型逆向思维法。这是指在研究某一问题时,由于解决问题的手段受阻,而转换成另一种手段,或转换思考的角度,以使问题得到顺利解决的思维方法。

司马光砸缸的故事,就是司马光不能通过爬进缸中救人解决问题,因而他转换思考的角度,既然不能"使人离开水",那么就颠倒过来"使水离开人",破缸救人。

缺点逆用思维法。这是一种利用事物的缺点,化被动为主动,化不利为有利的思维方法。这种方法并不以克服事物的缺点为目的,相反,它是将缺点化弊为利,通过利用事物的缺点,找到解决问题的方法。

一位法师有三个弟子:大弟子是个懒汉,屁股一旦落座,一时半会儿你别指望他会站起来;二弟子天生好动,最受不了寺院里的清静;三弟子讨厌诵经,却喜欢听鸟的叫声。法师是这样安排的:让大弟子司晨钟暮鼓,天天坐堂诵经;让二弟子托钵到山下化缘;交代三弟子在寺内遍植林木,让百鸟落巢栖息。这样使得三个弟子都人尽其才,各得其所。

在学习方法上也可采用"**逆向学习法**",它同一般的常规学习方法正相反,其特点是强调"**先思**",即一开始就运用自己的思维能力,提出问题,引发思考。它的基本程序:结论→问题→思考→求证→对照→彻底理解。"逆向学习法"能够大大调动起学习者的主观能动性,因而学习效果较之循序渐进的"顺向学习法"更为明显。

我们以学习历史知识为例,体会"逆向学习法"的学习效果。

首先,我们找一个研究的对象——京杭大运河。它是世界上里程最长、工程最大的古代运河,也是最古老的运河之一,与长城、坎儿井并称为中国古代的三项伟大工程。

问题:我国古代为什么要修京杭大运河?

思考:

(1)京杭大运河是什么朝代开始修的?哪个朝代对修京杭大运河的贡献最大?

(2)隋朝是怎样建立起来的?在哪里定都?存在了多少年?

(3) 隋朝的皇帝有几个？他们在政治、经济、军事等方面的策略和功绩有哪些？隋朝在文化艺术方面有哪些成就？

(4) 隋朝的统治疆域有哪些？和周边各少数民族的关系如何？

(5) 隋朝灭亡的根本原因是什么？

求证：京杭大运河对隋朝统治所起的作用。

对照：各朝代对京杭大运河的修缮和利用情况。

彻底理解：兴修京杭大运河对我国历代的经济、政治、军事和文化发展都起到了积极的推动作用。

这样，通过对京杭大运河的研究，逆向追溯了它的起源、作用、意义等。为探究"我国古代为什么要修京杭大运河"这个问题，我们需要对相关的历史知识进行深入思考和求证。在这个过程中，我们主动学习了历史知识，将相关的知识点有机地联系在一起，学习效果达到事半功倍。

在课堂上各学科的学习过程中，都可运用"逆向学习法"。它大致可按照下面的四个步骤进行。

第一步：**预习，查出问题**。从预习中查找这门课程需要我们掌握哪些重点，破解哪些难点，把问题分别标出来或记在预习笔记本上。

第二步：**听课，破除问题**。带着预习中找到的问题，到课堂上寻求老师给出的解答。

第三步：**复习，扫除问题**。课后整理学习笔记，对照预习笔记，查证问题是否得到解决。

第四步：**作业，巩固提高**。做作业，一是检查自己学习的效果；二是加深对课程的理解和记忆；三是帮助我们继续查找课程中的新问题。

我们有时会遇到一些棘手的难题，用常规的方法解决，不但烦琐，效果也不明显，而用逆向思维便可轻松解决。对于某些问题，尤其是一些特殊问题，倒过来思考、反过去想或许会使问题简单化，逆向思维往往会使人产生惊艳的想法和办法，让我们慢慢把自己培养成一个思维上的"杠精"。

美国第16任总统亚伯拉罕·林肯举办过一场让人津津乐道的演讲，策划者在那场演讲中安排了一小段时间进行自由提问，由听众把问题写在纸条上递给林肯，由他大声念出来并当场回答。当打开最后一张纸条时，林肯发现上面竟然只有两个字——傻瓜。林肯略微一愣，随即微笑着将这两个字公之于众。台下顿时议论纷纷，林肯非但没有愠怒，反倒不紧不慢地说道："刚才收到好多匿名的提问，全部是只有正文没有署名，只有这一张恰恰相反，只有署名而没有正文。"

我们的老祖宗很早就把逆向思维运用到了古典诗歌中，如**回文诗**，顾名思义，就是能够回环往复，正读倒读皆成章句的诗篇，是我国古典诗歌中一种较为独特的体裁，成为中

华文化的一朵奇葩。

宋朝李禺写的一首夫妻对答的回文诗《两相思》，此诗正读是夫致妻：

思妻诗

枯眼望遥山隔水，往来曾见几心知？

壶空怕酌一杯酒，笔下难成和韵诗。

途路阻人离别久，讯音无雁寄回迟。

孤灯夜守长寥寂，夫忆妻兮父忆儿。

倒着读，则变成妻致夫：

思夫诗

儿忆父兮妻忆夫，寥寂长守夜灯孤。

迟回寄雁无音讯，久别离人阻路途。

诗韵和成难下笔，酒杯一酌怕空壶。

知心几见曾来往，水隔山遥望眼枯。

这首回文诗妙就妙在两首诗顺读倒读都互相映嵌，你中有我，我中有你，不论怎么读，既合韵律，又有意味，里面的情意感人肺腑，实属不可多得之佳作。

对联是中国传统文化的瑰宝，是中文语言中独特的艺术形式，有历史记载的对联最早出现在三国时代。对联的创作，要求上下联平仄相对、词性相同、结构相同、字数相同、言简意深，并且下联要尽量用平声结尾，以取得余韵悠长的效果。

对联的形式多种多样，主要有以下几种：

正对：是对联中数量最多的一种，它的内容构成主要是并列关系，上下联内容相似、相近或相关，各类字词工整相对。上下联各写一事，各自具有一个完整的意思，但两者又和谐地统一在一个意境之中。例如：

龙藏巨海秋云淡
鸟宿荒冈夜月寒

串对（又称流水对）：是指一个意思分两句来说，上下联独立起来都无意义。下联是上联意思的继续和补充，同时深化上联所要表现的主题。所以，上下联一般都有因果、连贯、递进、条件、假设等关系。例如：

三杯竹叶穿心过
两朵桃花上脸来

反对：就是上下两联的意思是相反的，体现一个事物的正反两面性。上下两联又相互映衬，把主题表现得更为深刻、鲜明。例如：

福不双至今朝至
祸不单行昨夜行

又如：

门对千竿竹短无
家藏万卷书长有

回文对（又称回环对）：跟前面讲的"回文诗"一样，它是汉语特有的一种修辞方法。它将相同的词语或句子在下文中调换位置或者颠倒顺序，既可顺读，也可倒读，不仅意

思不变,而且产生了首尾回环的意趣。例如:

风送花香红满地
雨滋春树碧连天

反过来为:

天连碧树春滋雨
地满红香花送风

上面的"反对"和"回文对"正是因为使用了逆向思维,而使对联多了一些生动和情趣。

《三十六计》中的第十六计——**欲擒故纵**,用的是逆向思维。我们想要得到一个东西,但抓得越紧,越容易失去它。就好像紧握一把沙子,握得越紧,流失得越多,放得松一些,反而更容易得到。

正如老子在《道德经》第三十六章中所说:将欲歙之,必固张之;将欲弱之,必固强之;将欲废之,必固兴之;将欲取之,必固与之。它的核心是"欲擒故纵",想要收敛它,必先扩张它;想要削弱它,必先加强它;想要废去它,必先抬举它;想要夺取它,必先给予它。

诸葛亮七擒孟获用的就是欲擒故纵,故事的大概情节是:诸葛亮抓到了孟获,放了;抓了,放了;抓了,放了;抓了,放了;抓了,放了;抓了,放了;抓了,放了;孟获投降了。诸葛亮的目的是让孟获及他的部族臣服,每一次的"放"都是为了下一次更有力地"收",在这样的反作用力下,

不但要他口服,还要他心服,最后让他心悦诚服。

莎士比亚说过"**幽默和风趣是智慧的闪现**",**幽默**是语言的最高境界。我们正话反说或反话正说,运用正与反的强烈反差,不按常规套路"出牌",使反差产生出"笑果"。巧用逆向思维,可以使我们要表达的事物更有感染力,更能体现表达者的智慧。

甲:好久不见,瘦了!

乙:哪里有,最近又胖了。

甲:我是说你的衬衣瘦了。

甲:你一声不吭地坐在这里看我钓鱼,已经快三个小时了,你为什么不自己也钓呢?

乙:我可不行,你也看出来了,我这人性子急,不适合钓鱼。

丹麦童话作家安徒生生活很简朴,常戴着一顶破旧的帽子。有一天,大街上遇见一个人嘲笑他:"你脑袋上的那个玩意儿能算是帽子吗?"安徒生回敬道:"你帽子下面那个玩意儿能算是脑袋吗?"

234 训练

Ⅰ. 列举30个带有反义词的四字成语。例如，悲喜交加、黑白分明、功败垂成、进退两难……

Ⅱ. 列举30种属性对立的形式。例如，好与坏、快与慢……

Ⅲ. 把一些日用品或事情进行颠倒：位置颠倒、组合颠倒、材料颠倒、主次颠倒、内外颠倒、形态颠倒、步骤颠倒等。例如，下雨天我们打伞，进门或上车收伞时一般都是往回拉收，但有些地方空间狭小，不方便收伞，有一种雨伞是向外推收，伞棚向外收起，就方便多了。

Ⅳ. 在上海的一条弄堂里有三家裁缝铺，第一家的招牌上写着"上海最好的裁缝"，第二家招牌上写着"中国最好的裁缝"。

假如你是第三家裁缝铺的裁缝，你会在招牌上写什么呢？（答案见224页）

Ⅴ. 春季干旱的草原上着起了大火，人跑的速度赶不上大火蔓延的速度，没有马，也没有其他交通工具，怎样自救？（答案见224页）

Ⅵ. 一个农场主在一次聚会上吹嘘自己的农场很大，他说："我开车绕我的农场一圈，需要花上一个多小时的时

第四节
逆向思维运动

间。"如果是你,会用一句什么幽默的话嘲讽这位农场主呢?(答案见 224 页)

Ⅶ. 有个人去医院拔牙,医生技艺精湛,不到一分钟就把坏牙拔掉了,付钱时患者觉得费用贵,对医生说:"你们牙医真会赚钱,只用 30 秒就赚了我 300 元。"医生说了一句什么话就把患者说乐了,并赶紧付了款?(答案见 224 页)

第五节
侧向思维运动

234 概 念

侧向思维是利用其他领域里的知识或经验，从侧向迂回地解决问题的一种思维形式，是沿着正向思维的旁侧开拓出新思路的一种创新性思维。

简单地说，就是把思维"改一改"，让思路拐个弯，从另一个方向寻找答案。

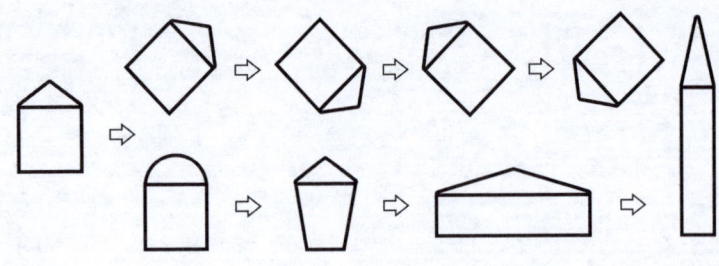

第五节
侧向思维运动

234 案 例

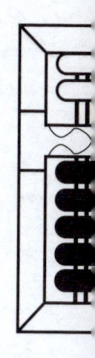

美国加利福尼亚州的阿尔托斯市每年的春秋干旱季常常被森林大火所困扰,他们想清除城镇周围山坡上的灌木丛和荒草,以此来减少火灾的发生。而山坡陡峭,不便通行,需要大量的人力、物力和财力,他们该怎么办?当地政府想了一个方案,他们购买了成群的山羊,把它们放在山坡上。山羊的跋涉能力极强,能够到达陡峭的坡段,这些山羊吃掉了大量的地表植物,使可燃物大量减少,森林火灾因此大大地减少了。

1942年,太平洋战争正酣之际,美国海军经常从截获的日军密码电报中发现有"AF"两个字母,很明显,"AF"是日军下一次的攻击目标。但是"AF"究竟指的是哪里呢?美国太平洋舰队情报处和华盛顿海军情报部有着不同的判断:前者认为是中途岛,后者认为是夏威夷或美国西海岸。美军太平洋舰队的情报处长想出一个绝妙办法,他故意用明码电报发出一份电文称:中途岛的水塔坏了。此计马上见效,不出24小时,美军截获了一份日军密电"AF缺乏淡水",由此,美军证实了"AF"就是中途岛。

由于美军掌握了日军的战略意图,做好了充分的准备。结果,中途岛大战美国海军只损失了1艘航空母舰、1艘巡洋舰和147架飞机,而日本山本五十六联合舰队的4艘航空母舰、1艘巡洋舰、280架飞机、2000名水兵和大量有经验的飞行员葬身鱼腹,日本海军从此一蹶不振。如果美军一味地依靠大量数据来破解"AF"是很困难的,但他们转换了一下思路,把猜测的密码答案放置到某一事件中,引诱对方使用这个猜测的答案,从而证实自己的猜测的正确性,破译了"AF"密码。

19世纪中叶,美国加利福尼亚州发现金矿的消息使众多淘金者蜂拥而至,一时间加利福尼亚州到处都是淘金者,众多淘金者的到来,使淘金变得越来越困难。有一个小伙子A,他历尽千辛万苦赶到加利福尼亚州,却怎样也淘不到金子。他苦思冥想后发现,淘金需要用大量的水来过滤沙子,于是他买了一辆水车开始卖水,结果他卖水的收入远远超过了那些淘金人的收入。另一个小伙子B,他发现矿区缺饮用水,便从远处拉来干净的饮用水卖给淘金人,结果他的收入也远远超过了那些淘金人的收入。又一个小伙子C,他发现淘金人去矿区需要过一条河,河面宽阔又没有桥可通行,他就买了一条木船摆渡这些淘金人过河,结果他的收入同样也远远超过了那些淘金人的收入。还有一个小伙子D(李维·斯特劳斯),他发现淘金人穿的裤子不耐磨,便把一

第五节 侧向思维运动

批滞销的帆布做成几百条裤子,由于这种裤子价格便宜而且耐磨,大受淘金者的欢迎。小伙子 E……

234 实　践

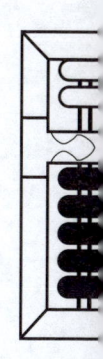

在思考和解决问题时,"足智多谋"和"随机应变"是创新思维的基础。沿着一条思路向前走,常常会碰到一些无法超越的障碍,一条思路走不通,就让思维转个弯,走另一条思路,也许会展现出预想不到的广阔前景。

侧向思维主要包括以下三种应用方法。

侧向移入法,指的是摆脱固有的思维习惯,跳出固定的领域,将目标瞄准其他方向。或者受到其他领域事物的特征、属性、机理等因素的启发,从而转变思考问题的模式,或者干脆将其他领域成熟的技术、方法移入自己的领域并加以利用。

100 多年前,奥地利的医生奥恩布鲁格,想解决怎样检查出人的胸腔积水这个棘手问题,他每天冥思苦想。一天,他突然想到了自己的父亲,父亲是位酒商,只要用手敲一敲酒桶,凭借叩击声,就能判断桶内还有多少酒。奥恩布鲁格

想：人的胸腔和酒桶相似，如果用手敲一敲胸腔，凭借胸腔反馈叩击声的强弱，就能够诊断出胸腔中积水的病情来。经过在众多患者身上的实践，他发现这种方法果真灵验，于是"叩诊"的方法就这样被发明出来了。这就是把另一个行业的技术移入了自己的行业。

侧向移出法，指的是一种跳出现有领域来进行思考的方式，即将客观存在的设想、技术、产品等从原先的领域中摘取出去，移出原有的方案，再移入更优秀的方案。

圆珠笔刚刚在日本出产时，困扰厂家的最大问题是书写一段时间后会因圆珠磨损而漏油，有的工程师从改进圆珠质量入手，有人从改进油墨性能入手，但都未能解决笔芯的漏油问题。一位小企业主发现，人们把圆珠笔用到快漏油时就丢弃不用了，于是他提出将笔芯做得短些，不等其漏油就让笔中的油用完了。这项"无漏油圆珠笔"的小发明，正是跳出本领域原有的方案，使难题迎刃而解。

侧向转换法，指的是不按照常规思维来看待问题，而是转换角度重新审视问题，抑或转换解决问题的方向，以寻求另一种更好的方式解决问题。

古时，有一名书生需要乘船过一条大河，河边停泊了几条渡船，他想知道乘坐哪条船更安全，于是问道："请问，我上你们哪位的船最安全？"船夫们有的说："我的水性好！"有的说："我的船结实！"书生问道："请问你们当中有谁的水性不好？"一个憨厚的船夫红着脸说："我不太会游泳！"于是书生便高兴地跳上了这位船夫的船。这书生看待问题的

方式与众不同,他认为,作为一个船夫如果不会游泳,他划起船来肯定会格外小心,坐这位船夫的船一定比坐其他人的船更安全。

任何问题都隐含着创新的可能,问题的产生总能为某些人创造机会。遇到问题不要慌,换一个角度,从侧面迂回前进,一定会使我们豁然开朗。

有一个高原地区盛产一种苹果,我们就叫它"高原苹果",因它的知名度很高,经常被其他果商假冒。这年夏天,一场冰雹把已经长得七八分成熟的苹果打得遍体鳞伤、坑坑洼洼,令丰收在望的园主不知所措。大约过了一个月,这些苹果的"伤口"渐渐愈合,也都成熟了,但每个苹果都变得坑坑洼洼的。园主不甘心就这样失去一年的收成,他冥思苦想着怎么样才能把这些伤痕累累的苹果名正言顺地推销出去。他凝视着这些苹果,发现苹果像一个个雕琢过的"工艺品",园主的心情一下子豁然开朗,他换了个说法:今年只有我们这里下了一次冰雹,只有这种坑坑洼洼的苹果才是真正的"高原苹果"。经过这样说辞,有效地抵制了其他果商的假冒苹果,使这批"受伤"的苹果很快就销售出去了。

把思维转几个弯,这就是"灵活",思维根据客观情况的变化而变化,也就是能根据所发现的新事实,避开或越过

障碍,及时改变原来的想法。世上的事物"横看成岭侧成峰",遇到困难不妨采用侧向思维试试,往往会给我们智慧,给我们力量。

2020年夏季,我国南方遭遇大洪灾,某市河堤决口,汛情紧急,已经没有时间填装沙袋堵决堤口了,领导者决定用粮仓里的袋装黄豆来堵决堤口。黄豆泡水后膨胀,受到编织袋的约束后,就变成了硬邦邦的"石头",正好用来堵决堤口,洪水过后这些黄豆也不会糟践,还可以继续做有机饲料或肥料。这样,既解决了应急需求,又减少了资源浪费。

谜语指暗射事物或文字等供人猜测的隐语。它是我国民间的一种传统的智益游戏,每逢农历正月十五,人们都要挂起彩灯,燃放焰火,把谜语写在纸条上,贴在五光十色的彩灯上供人猜,后来这一活动被称为**猜灯谜**。因为谜语能启迪智慧又增添节日气氛,所以响应的人众多,而后猜灯谜逐渐成为元宵节不可缺少的节目。它是中国古代劳动人民集体智慧创造的文化产物。历经数千年的演变和发展,2008年6月7日,经国务院批准谜语列入第二批国家级非物质文化遗产名录。

谜语的结构精炼、寓意奇妙、内容丰富、形式多样、变化多端。但归根结底,谜语就是将谜底通过各种方式隐藏起来,让我们的思维绕一个弯,从多方位思考,以侧向思维方式来解开谜语为我们所设的"谜"。

第五节 侧向思维运动

谜语的类别多种多样：事谜、物谜、文谜、字谜、诗谜、哑谜、姓名谜、动物谜、成语谜等。最为常见的是字谜，一般谜面文字简洁明了、通俗易懂。例如：

七十二小时——晶

一月一日非今天——明

十五日——胖

三厂一品——磊

谜语诗又叫诗谜、谜诗、灯谜诗等，是一种充满趣味的古诗词形式，它把谜语和诗词结合起来，在学习古诗词的同时还能猜谜语，让诗词学习变得更有趣、更轻松。

海南人伦文叙（1467—1513年），字伯畴，是明代状元，人称"海南才子"，能诗善文。传说有一天，他去一家酒家小酌，店老板热情欢迎，客气有加，求伯畴给酒家写几句吉利话。伯畴答应，挥笔而就下面的诗：

一轮明月挂半天，淑女才子并蒂莲。

碧波池边酉时会，细读诗书不用言。

老板疑惑地问："您给我写的这诗是什么意思啊？"伯畴说："我这是字谜诗，其实是四个字。"老板恍然大悟，万分感谢。说起来，这也是一个绝妙的广告运作。

这四个字分别是：有、好、酒、卖。

当今一些相声、小品、脱口秀、文案等，都使用一种"**谐音梗**"的形式来产生幽默感和关注度。"谐音梗"是网络

流行语，是指利用同音或近音字来代替一个词语中的本字，使这个词语又具备了另一种含义。我们使用侧向思维，利用汉字的谐音，把一个词义移入另一个词语中，而这个词语又能够巧妙、恰当地表现某一事件，这样，本来一个平淡无奇的词语，就被赋予了一种神奇的意义。

传说，当年苏轼游西湖时，他看见有人将一把锡壶不慎落入湖中，于是就给出了这个有趣的谐音上联：

提锡壶，游西湖，锡壶掉西湖，惜乎锡壶。

后来引得无数人回应下联：

寻进士，遇近视，近视中进士，尽是近视。
知后羿，有后裔，后裔源后羿，厚矣后裔。
坐武夷，观舞艺，舞艺演武夷，悟矣舞艺。
擎酒碗，过九碗，酒碗失九碗，久惋酒碗。

··········

自 2020 年 3 月开始，我国云南由 15 头野象组成的"断鼻家族"，从西双版纳州向昆明方向向北自行迁移。截至 2021 年 6 月初，大象迁徙约 500 多千米，已经逼近了昆明市区。新闻媒体用了《一路"象"北》这个标题报道此事，这一谐音的运用立刻使这一新闻既生动又形象，在引发群体关注的同时，不由得让人佩服这位作者的智慧。

2021 年 7 月中下旬，河南省多地遭受水灾，有报道的题目为：《"河"你一起，共渡"南"关》；某企业为河南灾区捐赠了 5000 万元的物资，他们的官方微博上写道：守望相助，风"豫"同"州"，我们在一起！

第五节
侧向思维运动

《三十六计》中的第三计——**借刀杀人**，用的就是侧向思维，自己不出面，也不用自己的"刀"，而是借用别人的"刀"，达到杀人的目的。

有一年，周恩来总理陪同一个国外代表团到上海访问，宴会上工作人员发现餐桌上一只名贵的"九龙杯"被一位外宾悄悄放进了自己的提包里。用什么样的方式才能收回这只"九龙杯"呢？直接索要必定伤了对方的面子，双方都尴尬。在周恩来总理的要求下，临时加了一场魔术表演：桌子上放了3只"九龙杯"，"啪"的一声后，桌子上就少了1只，魔术师找来找去，最后在那个外宾的包里找到了1只"九龙杯"，会场响起了热烈的掌声，不知道情况的人是给魔术师鼓掌，知道情况的人是在给周恩来总理鼓掌。

有一种**幽默**是打破常规逻辑产生的一种意外感,利用侧向思维,不直接说明本意,而是通过另一件事情旁敲侧击,它在"情理之中,意料之外"产生了幽默的效果。幽默的语言能够消除尴尬的局面,使紧张的气氛顿时变得轻松活泼,让对方感到善意,这样表达出的观点更容易被对方所接受。在日常生活中,幽默的语言风格无处不在,它成了人际交往的调节剂。

家长:孩子!早点睡吧,晚上10点以后就不要再玩手机了,玩手机的时间过长,对手机不好!

国外的一次竞选演讲会上,台下突然有人骂道:"垃圾!"演讲人不慌不忙地说:"先生,不急!我马上就要讲到环保问题。"

一位钢琴家到一个城市举办独奏音乐会,发现到场的观众人数不到场地座位数的三分之一,不免有些尴尬,于是他拿起话筒对台下说:"早就听说你们这个城市的人很有钱,今天一看果真如此,你们每人都买了三张票!"

第五节 侧向思维运动

234 训 练

Ⅰ. 列举30种画圆形的办法。例如，茶杯的杯口、半圆形的量角器、肥皂泡落在纸上破碎后的水印……

Ⅱ. 列举30个表现高兴情绪的成语，从中体会表现事物的多种方法。例如，欢天喜地、满面春风……

Ⅲ. 一个工地的地下弯弯曲曲地埋着十条细管子，从一个房间通向另一个房间，管子的材质、颜色、外形都一样，你用什么办法能找到两个房间对应的同一管子的接口？（答案见224页）

Ⅳ. 一个工地的地下弯弯曲曲地埋着一条直径5厘米的管子，从一个房间通向另一个房间，现在有一根细电线需要通过这根管子送到另一个房间，你会用什么办法呢？（答案见224页）

Ⅴ. 一个人上舞台表演节目，上场时不小心绊了个跟头，引起全场的掌声和笑声。他怎样摆脱尴尬，用什么方法救场？（答案见224页）

Ⅵ. 给你一张A4白纸，看看谁能让这张纸飞得最远。可以用它来折纸飞机，也可以做其他的手工，不限任何形式，你怎样能得第一名呢？（答案见224页）

Ⅶ. 一家电影院里，看电影的女士都戴着高顶帽子，影响后面的人观影，电影院管理人员说一句什么话，能使女士们都赶紧摘下帽子？（答案见 224 页）

第六节

结构思维运动

234 概念

　　结构思维是把混乱的复杂的碎片化的事物进行合理分组归类,经过对事物各要素的重组,能够使我们的思路更清晰,更有条理。

　　简单地说,就是把思维"调一调",合理摆布各类元素。

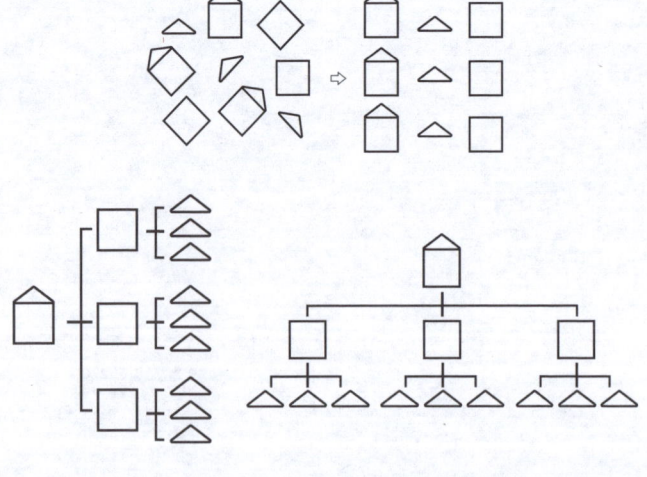

第六节 结构思维运动

2 234 案 例

田忌赛马的故事,就是一个典型的结构思维的例子。田忌将参赛的马匹分为上、中、下三等,如果上等马对上等马、中等马对中等马、下等马对下等马进行比赛,胜负不好确定。但按不同顺序摆布,结果也会不同。田忌用"上对中、中对下、下对上"的结构排序,这样三场比赛结束后,田忌的胜利就是必定的了。

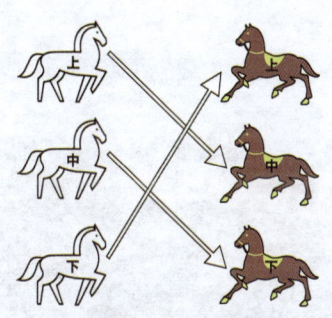

两胜一负的布局

位于河北省石家庄市赵县城南的赵州桥,由隋朝著名匠师李春设计和建造,是当今世界上现存最早、保存最完整的古代单孔敞肩石拱桥。它的建造结构有三绝:一绝,大桥使用了由28道独立的拱券结构组成的单孔圆弧拱形设计,使石桥的高度大大降低,强度大大提升;二绝,采取了单孔长跨的形式,横跨宽度达到37.35米之多,河心不立桥墩,避免了洪水和洪水携带物对桥身主体的冲击;三绝,采用敞肩设计,可以增加泄洪能力,减轻洪水季节由于水位上升而产生的洪水对桥两侧的冲击力,同时可节省大量土石材料,减轻桥身的自重。1991年,赵州桥被美国土木工程学会命名为"国际土木工程历史古迹",标志着它与巴黎埃菲尔铁塔、巴拿马运河、埃及金字塔等世界著名景观齐名。赵州桥建成距今已约1400年了,历经十多次水灾和多次地震,特别是1966年邢台发生的7.2级地震,邢台距此只有40多千米,当时现代建造的桥梁基本都垮塌了,赵州桥却毫无损坏,就是因为建造结构巧妙、合理起到的作用。

赵州桥

第六节
结构思维运动

石墨和金刚石都是由碳元素构成的,由于它们的原子结构不同,一个做了铅笔芯,一个镶嵌在铂金上"钻石恒久远,一颗永流传"了。

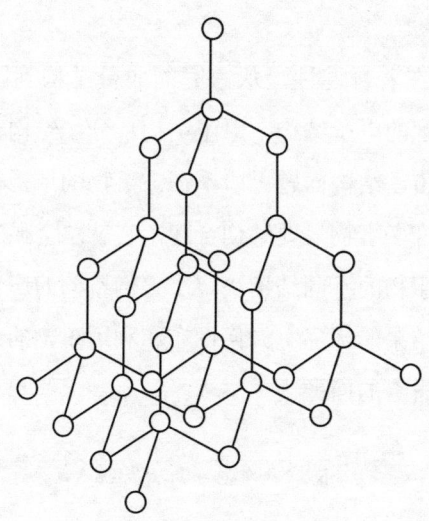

钻石的结构

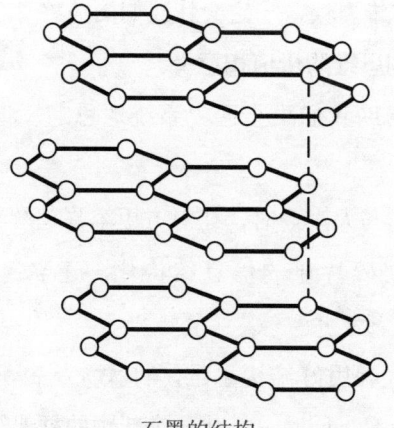

石墨的结构

3 234 实 践

结构存在着普遍性，从家庭的成员结构到国家的组织结构，从微观的电子结构、原子结构、分子结构、细胞结构到浩渺的宇宙，结构问题无所不在。事物的结构往往起着决定性作用，许多事物只要结构合理，它就总会显现出与众不同的结果。事物的不同结构决定了它们不同的属性，结构的优劣决定了结果的优劣。如何摆布和利用事物的结构，是我们应该认真思考的问题。

培养结构思维观念，养成用结构思维去分析、理解、处理问题的思维习惯，一定会让我们受益终身。

具备结构思维的价值和意义。

第一，帮助我们更全面、系统地思考，将复杂的问题简单化；

第二，在与人沟通时，让对方更容易理解我们的意图；

第三，将碎片化的信息结构化，建立起自己的知识体系。

所以说，利用好结构思维，将大大提高解决问题、沟通、学习的效率。同时，搭建一个新颖的框架结构，会更加突出对事物的表现力。

是否具备结构思维的比较

类别	具备结构思维	不具备结构思维
说话	突出重点、语言准确、易理解、易接受	啰嗦、思路不清、让人不易接受
写作	突出重点、主题鲜明、逻辑清晰、有感染力	没有重点、观点不清、逻辑混乱、缺乏说服力
处事	能够抓住问题的根源和关键，快速理清头绪，难题迎刃而解	没有头绪，抓不住关键，不能透过现象发现本质
决策	能够迅速抓住重点，轻松做出最佳决断	瞻前顾后，犹豫不决，经常遗漏重要因素

从上表可以看出，具备结构思维的人，思考问题更有逻辑，与人沟通更加顺畅，解决问题更有效率。

每个人因各自不同的学习状况、成长过程和工作需求等因素，造就了不同的**知识结构**，一个人的知识结构决定了他的认知层次。拥有比较完整的知识结构体系，分析问题、解决问题、处理问题的思维就会更加灵活，思路就会更加开阔。

知识结构主要有三种模式。

宝塔型知识结构。这种知识结构形如宝塔，由底层向上：基本理论基础知识→专业基础知识→专业知识→学科知识→学科前沿知识。

蜘蛛网型知识结构。它是以自己的专业知识为中心，与其他领域的知识有较密切的关联,形成网状的连接状态。这种结构是知识广度与深度的统一,这种知识结构呈现复合型状态。

幕帘型知识结构。它是指掌握一门具体的学科或能胜任一个具体的职业,所必须掌握的知识的总和。例如,要想成为一名建筑设计师,就应该具备设计、建筑制图、营建与构造等知识。

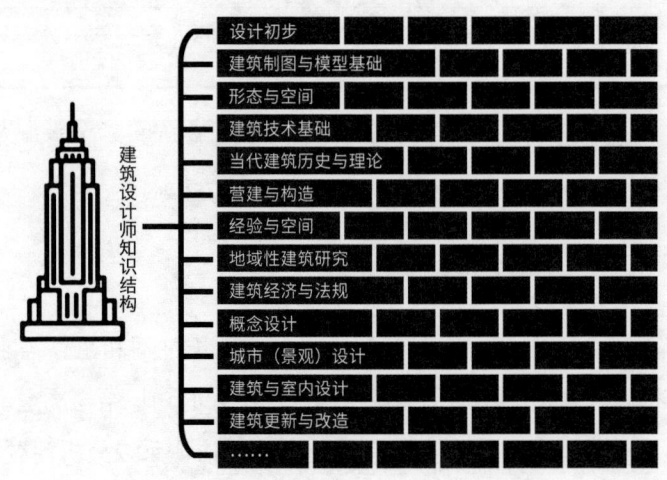

建筑设计师应该具备的基本知识结构

知识结构没有绝对的统一模式,但具有**共同的特性**。首先,知识结构具有**整体性**。知识结构与其他事物一样,是一个有机的整体,组成整体的各部分之间相互依赖、相互联系、相互作用、相互制约。其次,知识结构的**持续性**。知识是在发展变化的,它是动态的,而不是静止的,是随着社会的发展而发展的。在社会不发达的阶段,知识结构相对而言

第六节 结构思维运动

较为简单,随着社会的进步、科学技术的日新月异,我们应根据社会的需要经常对自己的知识结构进行调整和充实。最后,知识结构的**有序性**。从一般知识结构的组成来看,是从低到高,从核心到外围。要求由浅入深地积累知识,并逐步提高。

在很多情况下,把一个事物的时间、地点或其他某一因素的位置调整一下,就会产生出乎预料的结果。一部电影,面对同样的镜头,不同的剪辑会产生有不同效果的情节。下面有三个分镜头:一个人在笑;手枪对准这个人;这个人露出惊恐的表情。如果按这一顺序将这三个镜头组合,放映出来的效果是影片描写了一个普通人;而将三个镜头的顺序倒过来,放映出来的效果可能就是一个勇士的形象。

同样,我们在写**记叙文**的时候,由于不同的排序,使文章因结构的不同,而产生了不同的表述效果。根据表述事物的顺序不同,有了顺叙、倒叙、插叙、补叙、分叙(平叙)等不同的叙述方式。

顺叙:指记叙的时候按照事情发生、发展和结局的顺序来写,前因后果,条理很清楚。

阿黄是我家养的一条有着金黄色犬毛的母狗。那天傍晚我放学回家,喂给它一根香肠,它却叼着不吃,摇着尾巴跑到家门口,示意要出去。我感到好奇,给它套上拉绳下了

楼。它引着我径直跑向小区花园的一个角落里，墙角有个破木板斜着搭建的三角形洞，阿黄把香肠丢在洞口，欢快地跑了回来。我想探个究竟，刚到洞口，突然一条满身灰土的流浪狗"嗷"地一声向我扑来，把我吓了一跳，差点儿摔倒。然后，这条流浪狗堵在洞口，向我龇着牙，喉咙里发出低沉的吼声。我绕到侧面往洞里一看，里面有5只毛茸茸的小狗仔在不停地蠕动着。

倒叙：指记叙的时候把后发生的事情写在前面，把先发生的事情写在后面。先把结局说出来，吸引读者了解其起因和过程。

有一次，我差一点被一条流浪狗扑倒。我家养的一条有着金黄色犬毛的母狗，名叫阿黄。那天傍晚我放学回家，喂给它一根香肠，它却叼着不吃，摇着尾巴跑到家门口，示意要出去。我感到好奇，给它套上拉绳下了楼。它引着我径直跑向小区花园的一个角落里，墙角有个破木板斜着搭建的三角形洞，阿黄把香肠丢在洞口，欢快地跑了回来。我想探个究竟，刚到洞口，突然一条满身灰土的流浪狗"嗷"地一声向我扑来，把我吓了一跳，差点儿摔倒。然后，这条流浪狗堵在洞口，龇着牙，喉咙里发出低沉的吼声。我绕到侧面往洞里一看，里面有5只毛茸茸的小狗仔在不停地蠕动着。

插叙：指在记叙过程中，需要插入另一些有关的情节，再接着叙述后来的事情。插叙的作用，一是插入的内容对主要情节起补充衬托；二是有时会起到解释说明；三是使文章脉络清晰、结构紧凑。

第六节
结构思维运动

阿黄是我家养的一条有着金黄色犬毛的母狗。那天傍晚我放学回家,喂给它一根香肠,它却叼着不吃,摇着尾巴跑到家门口,示意要出去。自从去年我把它生下的6只小狗仔送人后,它总是郁郁寡欢的,对我也总是待理不理的。今天表现得这样兴奋,我感到好奇怪,给它套上拉绳下了楼。它引着我径直跑向小区花园的一个角落里,墙角有个破木板斜着搭建的三角形洞,阿黄把香肠丢在洞口,欢快地跑了回来。我想探个究竟,刚到洞口,突然一条满身灰土的流浪狗"嗷"地一声向我扑来,把我吓了一跳,差点儿摔倒。然后,这条流浪狗堵在洞口,龇着牙,喉咙里发出低沉的吼声。我绕到侧面往洞里一看,里面有5只毛茸茸的小狗仔在不停地蠕动着。

补叙:指在记叙中用三两句话或一小段话对前边说的事物作一些简单的补充交代。运用补叙,有助于更好地表达主题,使文章结构完整,行文跌宕起伏,收到出人意料的效果。

阿黄是我家养的一条有着金黄色犬毛的母狗,那天傍晚我放学回家,喂给它一根香肠,它却叼着不吃,摇着尾巴跑到家门口,示意要出去。我感到好奇,给它套上拉绳下了楼。它引着我径直跑向小区花园的一个角落里,墙角有个破木板斜着搭建的三角形洞,阿黄把香肠丢在洞口,欢快地跑了回来。我想探个究竟,刚到洞口,突然一条满身灰土的流浪狗"嗷"地一声向我扑来,把我吓了一跳,差点儿摔倒。然后,这条流浪狗堵在洞口,龇着牙,喉咙里发出低沉的吼

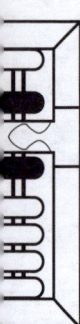

声。我绕到侧面往洞里一看,里面有 5 只毛茸茸的小狗仔在不停地蠕动着。这时,我再看看身旁的阿黄,它眼光暗淡地看着我。这眼光让我想起了去年我把它生下的 6 只小狗仔送人后,那同样忧郁的目光。

分叙(平叙):是指叙述两件或两件以上的同一时间不同地点发生的事情,也叫平叙法。

我家小区花园的一个角落里,墙角有个用破木板斜着搭建的三角形洞,里面发出"吱吱"的叫声。我想探个究竟,刚到洞口,突然一条满身灰土的流浪狗"嗷"地一声向我扑来,把我吓了一跳,差点儿摔倒。然后,这条流浪狗堵在洞口,龇着牙,喉咙里发出低沉的吼声。我绕到侧面往洞里一看,里面有 5 只毛茸茸的小狗仔在不停地蠕动着。

我家也养着一条有着金黄色犬毛的母狗,名叫阿黄。自从去年我把它下的 6 只小狗仔送人后,它总是郁郁寡欢的,对我也总是待理不理的。难怪今天我喂给它一根香肠,它却叼着不吃,摇着尾巴跑到家门口,示意要出去。我感到好奇,给它套上拉绳下了楼。它径直把我引到了这个流浪狗的狗窝边,把那根香肠丢在了洞口。看着我差点儿被流浪狗扑倒,阿黄却一改常态,不来保护我,而是用忧郁的眼神,暗淡地看着我。

整理房间是我们培养结构思维的有效途径。古语云:"一屋不扫,何以扫天下?"整理房间这件看似简单的事情,

第六节 结构思维运动

其实也是思维清晰的体现,整理物品、整理房间,有助于我们提高结构思维的能力。稻盛和夫在《稻盛和夫写给年轻人一生的忠告》的书中提到:打扫屋子可以旺家。他说:80%的人都不知道,你的房间就是你内心的映射,房间凌乱的家庭很难激发孩子的灵性,只有干净整齐的房间,身心才能自由伸展。

把自己的房间和物品整理得干干净净、井井有条,生活在一个干净整洁的环境中,住着会很舒服,心情也会变好。如果垃圾乱扔、衣服乱丢、物品乱放,心情就会变得乱糟糟的。整理房间的主要任务是把物品放置在合理的位置,我们把家里的物品摆放得井然有序,需要用的时候,就可以快速、准确地找到它。整理房间一般要做好三个方面的准备:一是确定房间内物品摆放的合理位置;二是对长期不使用的物品该遗弃就果断遗弃;三是预留一定的存放空间,既方便未来添置物品,又方便现有物品的取放。

我们整理衣柜时,衣柜里按照冬季、夏季、春秋季进行大的分类,再按照外套、衬衫、裤子、裙子、领带、内衣等不同的类型进行细分。在整理书柜时,书柜里按照工具书、文学类、艺术类、历史类等类型进行分区。在整理厨房和冰箱时,各类食材可以按照米、面、油、蔬菜、蛋类、生食、熟食、干货、调味品等分类进行存放,把米面安排在干燥处,把调味品放在取放方便的地方。

我们再以整理文件为例,对需整理的物品进行分类。文件处理的原则是能丢弃则丢弃,留存的文件越少越好。文件的分类，大体上只需分成"长期留存"（毕业证、房产证、保险书、租赁合同、获奖证书等）和"短期留存"（记事卡片、报销的发票、购物清单等）两类。对"长期留存"类的文件应该分类放在几个文件夹里，贴上标签，放置于收纳抽屉中。而"短期留存"类文件不用进行分类，将其归于一处即可，最好是准备一个竖立的文件盒来装此类文件，对这类文件要经常翻阅，做到随时取用随时清空。

在生活的方方面面我们都可以利用结构思维去摆布，注重良好习惯的培养，潜移默化地把我们培养成一个说话有条理、办事雷厉风行的"利索人"。

从事餐饮行业的人穷极一生追求的是**菜品**的结构，包括菜品食材之间的结构，菜品与菜品之间的结构。我们以黄焖鸡米饭这个菜品为例来分析它的结构。做黄焖鸡米饭的主料是大米、鸡肉、香菇、青椒等。同等分量的一块鸡肉，切的块儿大了，显得肉少，切的块儿小了，显得这份菜品不实在。所以，鸡肉放的规格大小和分量多少一定要合理，放多成本提高了，放少顾客评价不高。同时，在每份菜中再加两片小油菜、两个鹌鹑蛋，这样会使菜品的结构更丰富了。

如果开一家主营黄焖鸡米饭的小饭店，为了吸引顾客，再增加面条、馄饨、烧饼等，那这家饭店的菜品结构基本是主食了，经营效果往往不会太好。而把菜品结构调整为增加

几种凉拌荤素小菜、几种口味的汤和饮料，目的是配合黄焖鸡米饭这个主打菜品，形成各类套餐。这样的菜品结构既能够满足不同顾客的饮食需求，又使顾客感受到食材的丰富和营养的全面，顾客因菜品结构合理，得到了圆满的用餐体验。

我们到饭店就餐时，**点菜**往往会困扰一些人。菜点得能否让就餐的多数宾客满意，就要看所安排菜品的类型和结构是否合理。

点菜要学会"看人下菜碟"，要了解所邀请的主要宾客或多数宾客的饮食喜好，点菜前不要问客人想吃什么，要问客人不吃什么。点菜最忌讳的是主人让客人每人点几样爱吃的菜，貌似都高兴、都满意，但最终上了一桌杂乱无章的菜品，结果必定是多数人吃得不满意。假设需要安排一个12人的宴席，常规饭店的菜品一般有凉菜、热菜、汤类和主食。凉菜有4种就行，其中3种素菜搭配1种荤菜即可。热菜的数量基本上和人数相同，如果饭店的菜量大，就减一两道，菜量小，就加一两道。热菜按照食材划分有鸡、鱼、猪、牛、羊、海鲜、豆制品、菌类、蔬菜等，各选其中的一两种。根据客人的食量、饮食偏好和禁忌，每一类选其中做得比较有特色的菜品，要有两三道讲究的"大菜"。要点健康做法做的菜，多点蒸、炖、煮的菜，少点炸、烤、熏的菜。要注重菜品中食材的量和品质，而不是只看摆盘的造型。如果女士多，就多点一些蔬菜类的菜品，另加一道甜品。岁数大的宾客多，要点得清淡一些，菜品中的食材要软

一些，便于老人咀嚼。主食分为米饭、饼、包子、饺子等，选其中两三种，各少量点一些，最后再选一种汤，这样一桌盛宴就完美呈现了。

小说《穆斯林的葬礼》是当代回族女作家霍达的代表作，她用优美动人的笔触记录了一个穆斯林玉器家族从衰落到兴起再到衰落的故事，讲述了三代人的命运浮沉和两段可歌可泣的爱情悲剧。小说一经发表，便引起读者和评论家充分的肯定和赞赏，并在1991年荣获中国第三届茅盾文学奖，至今仍然经久不衰，在当代文坛占据着独特地位。作品独特新颖的结构是这部作品成功的关键因素。

《穆斯林的葬礼》目录：

序曲　　　月梦

第一章　　玉魔

第二章　　月冷

第三章　　玉殇

第四章　　月清

第五章　　玉缘

第六章　　月明

第七章　　玉王

第八章　　月晦

第九章　　玉游

第十章　　月情

第六节
结构思维运动

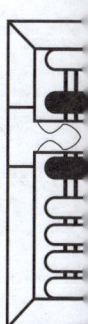

第十一章　玉劫

第十二章　月恋

第十三章　玉归

第十四章　月落

第十五章　玉别

尾声　　　月魂

后记

从以上的目录我们可以看出，从序曲开始偶数章节都是以"月"为中心线索展开，而奇数章节全是以"玉"为中心线索进行叙述。读了作品，我们自然知道，"月"字指的是穆斯林家族中第三代女主人公"韩新月"，而以"玉"命名的章节则是围绕"梁冰玉"展开的故事叙述。"月"与"玉"交错，这种结构就有了一种结构美，同时作品的整体性也提高了。

《乡愁》是现代诗人余光中于1972年创作的一首现代诗歌。

小时候

乡愁是一枚小小的邮票

我在这头

母亲在那头

长大后

乡愁是一张窄窄的船票

我在这头

新娘在那头

后来啊

乡愁是一方矮矮的坟墓

我在外头

母亲在里头

而现在

乡愁是一湾浅浅的海峡

我在这头

大陆在那头

诗的结构是通过"小时候""长大后""后来啊""而现在"这几个时序语贯串全诗,从"幼子恋母"到"青年相思",再到"生死相隔",最后到对祖国大陆的真挚感情,可从中看出"乡愁"一直萦绕在心头。从诗的前三句思念的都是女性,到最后一句祖国大陆这样的"大母亲",这种爱在逐步上升着。

诗中"小小""窄窄""矮矮""浅浅"四个叠音的形容词,用来修饰中心意象,增强了语言的生动性;"一枚""一张""一方""一湾"四个量词的运用,加强了全诗的音韵之美;借用"邮票""船票""坟墓""海峡"四个实物,把抽

第六节 结构思维运动

象的乡愁具体化;用"这头"到"那头""外头"到"里头",把一个个乡愁连接在一起。在诗形结构上,四段文字在数字、句式上基本一致,整个诗呈现统一均衡、和谐对称的传统美,以及长句与短句之间参差变换所产生的旋律美。这些构思极为巧妙的结构美令人瞩目,使人感到余音缭绕。

唐朝宰相、著名诗人元稹写的《一字至七字诗·茶》

茶,

香叶,嫩芽。

慕诗客,爱僧家。

碾雕白玉,罗织红纱。

铫煎黄蕊色,碗转曲尘花。

夜后邀陪明月,晨前独对朝霞。

洗尽古今人不倦,将知醉后岂堪夸。

这种诗俗称**宝塔诗**,杂体诗的一种,也叫"一七体诗"。从一字句到七字句,逐句成韵,或叠两句为一韵,很有规律。后来有的句子增加到十字,甚至十五字。由于它对仗工整,使人读起来声韵和谐,节奏明快,朗朗上口。

宝塔诗的结构美,对后世新诗的发展影响极大。像胡适、郭沫若、徐志摩、冰心等著名诗人都曾经在创作新诗时采用过像宝塔、阶梯等诗行排列的形式,使创作的诗句显得新颖别致。

在某个会议或酒会上,你永远不知道什么时候会被人叫起来"随便讲两句",经常需要我们来一个**即兴发言**。虽然说是"随便讲两句",但讲得也不能太"随便"了,要在很短的时间里组织起来一个发言的结构框架。那么,我们就按照过去、现在、将来三个部分为构架,发言内容可以按照这个时间顺序进行。这是一个"万能公式",基本上在各种会议、聚会等场合都可以套用。过去:一般是讲述一下该项活动的来历、过往或历程等;现在:讲述一下该项活动的重要意义,加进去一些感人的故事或独特的见解;将来:对未来提出一些期望、祝福、设想或建议等。只要把现场的情况贴切、生动地套进这个公式,即使我们对发言没有一点儿心理准备,但只要一开口发言,就已经是"成竹在胸"了。

例如,在一次同学聚会上的即兴发言:

同学们:

大家好!今天是咱们初中同学毕业20周年的一次大聚会。在20多年前,我们有幸一起走进了同一间教室,从此开始了我们一生中无法割舍的同学情谊,在这20多年的时间里,我们虽然都生活、工作在不同的城市和环境中,但我们之间的友情被"同学"这个词紧紧地缠绕着。世界上最贵的不是金钱,而是时间;人生中最美的不是风景,而是感情。我们用20多年珍贵的时间沉淀了浓浓的同学情谊,才成就了今天的欢聚一堂。同学之间的感情就像我们杯中的美酒,时

第六节
结构思维运动

间越长越醇厚。回想过去,我们感慨万千;此时此刻,我们心潮澎湃;展望未来,我们信心百倍!为了我们的同学友谊长存,为了30周年、40周年的再次相聚,我们一起干杯吧!

相声里有个术语叫"抖包袱",是指经过细密组织、铺垫,调整所要表述故事的结构,先不说出要表达的意思,而是埋下伏笔,一旦时机成熟,突然把"包袱"抖开。这种把结果隐藏在"包袱"里,最后"抖落"出来的语句结构,使故事更具幽默感。

三句半是我国一种著名的曲艺形式,因一组表演词是由三段整句和一个短语构成而得名。三句半,关键在于"半",这个"半"必须押韵、简洁、诙谐、合意,并出乎意料,相当于相声中抖开的"包袱"。

鼓点:锵嘚咙咚锵,锵嘚咙咚锵,锵嘚咙咚锵嘚咙咚锵嘚咙咚锵。

甲:锣鼓喧天敲起来。

乙:精神抖擞走上台。

丙:少了一人怎么办?

丁:我来(从台侧跑上)!

甲:前面节目演得好。

乙:三句半当然少不了。

丙：不管说得好不好。

丁：别跑！

甲：少先队员要知道。

乙：知法用法最重要。

丙：自我保护不可少。

丁：重要！

....

甲：下个节目要上场。

乙：掌声能否响一响。

丙：我们也好早下场。

齐声：鼓掌！

大画家张大千在一次宴会上给戏曲表演家梅兰芳敬酒时说："梅先生，你是君子，我是小人，我先敬你一杯！"话音刚落，众宾客都愣住了，梅兰芳也不解其意，笑着询问："此话作何解？"张大千笑着抖出一个"包袱"：君子动口，小人动手。

相声演员马三立表演的一段经典单口相声《逗你玩》。大概内容是：有一个三十多岁的妈妈在院子里晾晒了几件衣裳，她怕丢，但也不能老在外面看着，还得回屋做饭呢，于是她对孩子说："娃，你在门口看着，别让小偷偷了去,谁拿咱的衣裳你就喊我。"说完妈妈就回屋做饭去了。

一会儿,小偷真的来了。小偷对小孩说:"我姓逗,叫逗你玩儿。"随后,小偷拽下一件褂子。小孩喊:"妈妈,拿咱褂子呢。"妈妈:"谁呀?"小孩:"逗你玩儿。"妈妈:"这孩子!"小偷又把裤子拽了下来。小孩:"妈妈,拿咱裤子呢!"妈妈:"谁呀?"孩子:"逗你玩儿。"妈妈:"这孩子,看我一会儿揍你!"一会儿小偷又把被单拽下来了。孩子:"妈妈,他拿咱被单呢。"妈妈:"谁呀?"孩子:"逗你玩儿。"等妈妈做好饭,出门一瞅,衣服全没了,问:"咱的衣裳呢?"孩子:"拿走了。"妈妈:"谁拿走了?"孩子道:"逗你玩儿。"

234 训 练

Ⅰ.画出一个学校的组织结构图。

Ⅱ.假设学校要举办一场大型文艺演出,由你来策划这次文艺演出的各节目编排、节目类别、前后顺序等,你如何把这次活动搞得精彩并有创意。

Ⅲ.你怎样组织几个小伙伴进行一次郊游活动,列出一个活动方案。

Ⅳ.对自己未来的职业进行规划,如果想实现这个人生目标，需要做哪些知识和技能的储备？

Ⅴ.假设已经有好几个同学向班主任老师提出了想在自己的班级里组织一个篮球队的想法，都被老师以耽误学习为由拒绝了。你怎样组织语言，从哪些方面入手，再和老师提出这一要求？

Ⅵ.假设有一款新手机将要上市，需要你制作一个PPT来对这款手机的性能进行介绍，你将如何设计这个文案？

Ⅶ.找一篇需要背诵的文章，分析它的结构，理清脉络，脑子里形成这篇文章的结构图，找到它们之间的关联，试着把这篇文章背诵下来，体会一下结构思维对提高记忆力的作用。

第七节

分解思维运动

234 概 念

分解思维是指将研究对象按照一定的逻辑进行合理分解,在分解过程中,获得解决问题新方法的一种思维方式。它是一个由表及里、由浅入深、循序渐进的过程,原理是化整为零、化大为小,将大目标拆解成小目标,然后各个击破,逐步实现最终的目标。

简单说,就是把思维"分一分",对研究对象进行合理分类。

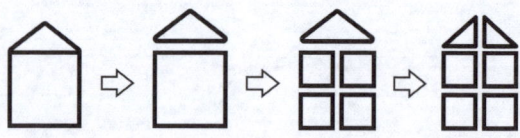

第七节 分解思维运动

2 234 案 例

一家图书馆要搬家,但搬运这一大批图书需要很大一笔费用,后来有人出主意,图书馆贴出公告:本图书馆3天内免费借书。结果很快就把大部分图书借阅出去了,等读者们到新馆址归还图书时,图书管理员再一本一本地把书放到书架上,大量的搬运工作分解成了众多读者的义务劳动。

合理的分解非常重要,不同的分解方法,得出的结果也不一样。王婆在菜市场摆了一大堆红辣椒卖,有人建议她分开两堆,有人要辣的,你指这堆,有人要不辣的,你指那堆。王婆说:"不用那样,你看我的办法。"顾客来问:"你的辣椒辣不辣?"王婆道:"深红的辣,浅红的不辣。"人们多数喜欢要辣的,浅红的辣椒剩下了;又有顾客来问:"你的辣椒辣不辣?"王婆道:"长的辣,短的不辣。"短的辣椒剩下了;又来顾客来问:"你的辣椒辣不辣?"王婆道:"皮软的辣,皮硬的不辣。"剩下的多数是皮软的,这样,王婆的这一大堆辣椒很快就卖出去了。

思/维/体/操
青少年创新思维培养手册

印刷术是我国古代的四大发明之一,也是我国成为文明古国的一个重要标志。印刷术发明之前,文化的传播主要靠手抄的书籍。手抄费时、费事,又容易抄错、抄漏,既阻碍了文化的发展,又给传播带来不应有的损失。印章和石刻给印刷术提供了直接的经验性启示,用纸在石碑上墨拓的方法,直接为雕版印刷指明了方向。中国的印刷术经过雕版印刷和活字印刷两个阶段的发展,给人类的发展献上了一份厚礼。雕版印刷的确是一个伟大的创造,但也有不便之处:印一种书就得雕一回木板,费时费力,无法迅速地、大量地印刷书籍,一旦这部书不再重印,那雕得好好的木板就完全没用了。而毕昇将一块雕版分解成了每一个字为一个单个的字模,每个字是单个可以活动的,所以将这项技术称为活字印刷术。排版时,将字模放置在特制的木格里,印别的书时,再将活字模重新编排。毕昇这个利用分解思维的发明,在印刷史上的贡献是不可低估的。

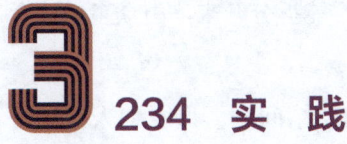 234 实　践

我们的学习、生活和工作常常需要先确定一个目标，大目标看起来很难实现，但将大目标进行有效分解和规划成小目标，实现起来就变得轻松自如了。分解的意义在于将大目标拆解成小目标，而且我们把目标拆解得越明确、越精细，执行起来就越顺利，每天推进一点进度，循序渐进地实现目标。

我们在运用分解思维时，把一个整体的事物分解开后，分解的效果怎样，要看是否是化大为小、化难为易，使它更为简单、方便、小巧等。然后，从零起步，从易入手，很多事情就好办多了。**遇到问题的一般分解步骤是**：

第一步，明确需要解决的问题。

（1）找出问题点。以案例中的图书馆搬家为例，问题点是搬运费昂贵。

（2）明确目标，明确要达到的目的。目标是用最少的费用，达到把书籍搬运到图书馆新址的目的。

（3）明确可以利用的资源。可利用的资源是读者。

第二步，拆分和定位问题。这些书籍可以整体打包，

由搬运公司负责搬运,为什么不能拆分开来,由众多的读者来完成分解搬运呢?

第三步,提出解决方案和总结问题。说服别人,让对方知道这是一个好的方案。它的好处:第一,节约了搬运费用;第二,告知了读者新的图书馆地址;第三,降低了图书管理员摆放书籍的劳动强度。

阅读是我们日常生活中丰富阅历、获取知识、提升自我的重要途径。为了达到高效阅读的目的,我们可以将阅读的方式进行分解。

将"阅读"分解为"阅"和"读":一般科教类书应该偏重"阅",在"阅"中增加信息量;语言文字类书应该偏重"读",在"读"中体会作品的深意。

再进一步细分,对于不同类型的书可以分成四类读法:第一类是眼读,用眼睛浏览,走马观花;第二类是口读,用嘴大声朗读,用语感去体验;第三类是心读,用心认真思考,详细分析研究;第四类是手读,用手书写记录,抄读加强记忆。

现在日新月异的图书浩如烟海、琳琅满目,从经典书籍到时尚图书,种类繁多。但真正有价值的书只占少数,一本书中有价值的部分又占少数,但博览群书还是有益的。那么,对图书的阅读方式可以划分为三类:一是精读,是认认真真、扎扎实实地一个字一个字地读;二是泛读,是知道大

概内容，粗枝大叶地读；三是翻阅，是对有兴趣的部分大略看看，对没兴趣的部分随手翻过。

就阅读一本书而言，要对书中不同的内容进行分解。准备几根不同颜色的笔，重点部分用红笔标注，疑问部分用蓝笔标注，记忆部分用黑笔标注。这样，我们用不同的色彩把一本书中不同的关注点进行分解和划分，能够起到事半功倍的阅读效果。

阅读也是一个"分—合—分"的过程，如我们拿起一本小说，通常是先看看序言，再看看目录，这是一个"分"的开始。在仔细阅读的过程中，分析作品对人物、情节和环境的描述，分析作家是怎样用精彩的文字来描述人物心态和物态，怎样用恰当的语句来展现作品的自然环境和社会环境，这是一个进一步"细分"的过程。在完整阅读一本小说后，要对其情节的线索、叙述的手法及作品的结构进行综合整合，通过这个"合"，对作品就有了全面的、整体的认知和评价。一部好的作品至少要读两遍，第一遍的主要作用是"分"；第二遍的主要目的是"合"。然后，我们再一次进行"分"。书是人类思想的结晶，我们要从"分"中萃取书中的精华，汲取书中给予我们的思想、理念、启发、方法等，或是从"分"中提炼作者的优秀写作技法，使我们的阅读有所收获，从而避免"读死书"的情况。

一位优秀的小说家完成一部作品，是为了让读者从他

的作品中感受到一种精神愉悦，开阔人生体验，得到人生启迪，知道处世之道。作家写一部小说不容易，读者读一部小说也不容易，我们要能够领会作品的主题、内涵和精髓。将读小说变成欣赏小说。要想读懂一部作品，就要分析它，而分析的前提是将作品按照它的构成进行分解，构成一部小说的三大基本要素是：人物、情节和环境，只要我们从这三方面入手，在不同的层面进行挖掘，一定会找到作家在他作品中藏的"宝藏"。

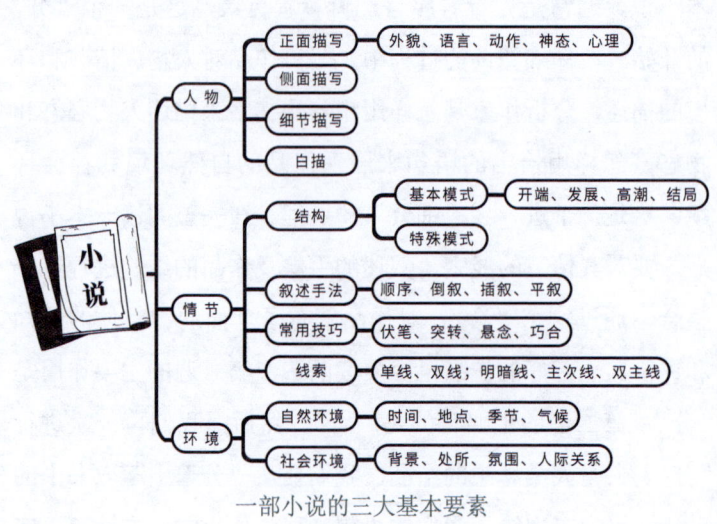

一部小说的三大基本要素

《草房子》是作家曹文轩的一部长篇小说，作品讲述了在20世纪60年代，一个生活在油麻地小学的名叫"桑桑"的学生，在他6年的小学生活中，所经历和感受的心路历

第七节 分解思维运动

程。该作品自1997年面世之后,畅销不衰,各个版本累计印次已接近300次,被翻译为多国文字,荣获"冰心儿童文学奖"等多项大奖。该书还被教育部基础教育课程教材发展中心列入2020年版的《中小学生阅读指导目录》。

我们对一部作品的解读,"一千个读者就有一千个哈姆雷特"。经典作品的经典之处,还需要我们进行细细的分解和剖析,挖掘作品在人物、情节和环境描写上的巧妙之处。

我们在阅读一部小说时,主要是欣赏作品中对人物的描写,小说对人物的描述大体从两方面进行:一是**他是什么样的人**,包括他的品德、学识、性格、性情等;二是**他有什么**,就是说他的社会角色,包括职业、地位、财产等。所以,把一部小说中的人物从上述两方面分解开来剖析,才能使这个人物完整又生动地展现在我们的大脑中。

《草房子》中人物塑造上的亮点:

桑桑:作品的主人公,校长桑乔的儿子。他顽皮、机灵、好动,在小学的成长过程中,他感受到了温情、包容、平静、自尊,经历了天灾、病痛、孤独、磨难,造就了一个少年善良、坚毅的心。

陆鹤:因从小不长头发,被同学们虐称"秃鹤"。这孩子淳朴、倔强,通过自己的努力,坚守住了自己人格的尊严。

纸月:"纸月是个很文静、内秀、温柔的女孩子,有些胆小,但很善良。"她懂得感恩,是善和美的完美统一体。

蒋一轮和白雀:小学老师蒋一轮和恋人白雀,这一对

情侣虽然是郎才女貌,但终究不能如愿,告诉了人们一个现实:不如意是人生的常态。

秦大奶奶:生活在校园边上的一位老太太,校园就建在她用一生心血换来的土地上,她的门前种着一小片"艾地"。她由对土地执着的爱,转变为对孩子们的爱、对学校的爱。人们在体味她的孤独时,也领悟到了:再卑微的生命也闪烁着人性的光辉。

细马:一位过继到他二爸家的孩子,性格孤僻,但有心机。他包容了二妈对他的苛责,从二爸身上感受到了爱,也学会了承受和担当。他通过对家园的重建,也重建了由"二妈"到"妈妈"转变的亲情关系。

杜小康:一位出身"红门",自信、果敢的孩子,过着优越的"小康"生活,由于家庭的变故,"红门"也被拆下来抵债了,但他没有屈服,向人们展现了一位不向命运低头的顽强少年。

温幼菊:学校里的一位老师,一个文弱的女性,她的宿舍叫"药寮",她在这小屋里疗愈着自己,也疗愈着他人。她给人以神秘的力量,以一首无词的歌给人以平静;以两个字"别怕"给人以勇气。

桑乔:桑桑的父亲,他从小因家里没有土地,只能靠打猎为生,而受到他人鄙视。直到25岁以后,经过不懈努力,终于成长为一名优秀的校长。他领着儿子治病的艰难过程,无言地践行着一种不抛弃、不放弃的执着。

第七节
分解思维运动

《草房子》中情节描述上的亮点：

多处使用了暗喻、伏笔等写作技巧：

（1）在描写桑桑知道纸月还将继续留在学校读书时，作家没有直接描述桑桑高兴的心情，他是这样写的：在一旁喂鸽子的桑桑，就一直静静地听着。等外婆与纸月走后，他将他的鸽子全都轰上了天空，鸽子飞得高兴时，噼噼啪啪地击打双翅，仿佛满空里都响着一片清脆的掌声。

（2）蒋一轮老师想和白雀在一起，但遭到白雀父亲白三的阻挠，作品中没有直接描写他们是怎样抗争的，而是从侧面描写了白三的倔强性格，使读者深切地体会到这阻挠的力度有多大。书中是这样描述的：白三平衡能力很差，走一座独木桥时，走了三分之二，掉到了河里。但白三并不朝只剩下三分之一距离的对岸游去，而是调转头，重新游回岸这边。他不信就走不过这座独木桥！白三水淋淋地又站到了桥头上。当时，村里正有个人撑船经过这里，说："我用船把你送过去。"白三说："不！老子今天一定要走过这座桥！"他又去走那根独木。这回比上回难走，因为他一边走，一边往独木上滴水，把独木淋滑了。他努力地走着，并在嘴里嘟嘟囔囔地骂个不停，既骂独木，也骂自己。结果，只走了三分之一，就又掉进了河里。他爬上岸来再走。撑船的那个好心人一笑，说了声"这个白三"，也不管他，把船撑走了。白三连连失败，最后大怒，搬起那根独木，将它扔进水中，然后抱住它游到对岸。

（3）纸月字写得秀丽、作文写得有灵气与书卷气，而

慧思和尚有一手好毛笔字、有一口风雅言辞，为他们的父女关系埋下了伏笔。

（4）从"不知是因为人工的原因，还是艾的习性，艾与艾之间，总是适当地保持着距离，既不过于稠密，也不过于疏远"到"墓前，是一大片艾，都是从原先的艾地移来的，由于孩子们天天来浇水，竟然没有一棵死去"暗喻了秦大奶奶与孩子们之间始终存在，但有隔阂，直到永恒的爱。

在文字的使用上干净、简洁：

（1）陆鹤因秃头遭到别人戏谑后，回家和父亲提出不去上学了，作家只用了最平常的两句儿童语言："没有人欺负我。""我就是不想上学。"寥寥几字就把这个人物倔强和自尊的性格展现得淋漓尽致。

（2）作家在作品的结尾部分用了一句："桑桑虽然没有死，但桑桑觉得他已死过一回了。"经典地总结了主人公在童年时期艰难成长的心路历程。

《草房子》中环境描述上的亮点：

（1）故事发生在20世纪60年代，时间的距离感产生一种唯美。

（2）在自然环境的描述上，以草房子的布局和色彩，房子周边的绿化，校园周边的水、小桥、小船、芦苇荡、风车，呈现了一幅柔美的水乡水彩画。飞舞的鸽子使画面更加灵动。

（3）在社会环境的描述上，书中的主要人物都围绕着主人公桑桑的视野，他的父母、他的老师们、他的同学们和校园里的秦大奶奶等。人物之间的关系合理、完整地相互关联。

第七节 分解思维运动

在**作文**写作时,运用分解思维可以快速打开写作思路,迅速搭建文章架构。常见的**分解类型**有:内容(构成)分解、情景分解、时间分解、原因分解、层次分解等。下面的例子是分解思维在议论文写作方面的运用。

某年某地的高考作文题目为"文学,需要凝视",得到这个题目,该怎么下笔呢?一位高分考生的写作提纲是这样的:

清新的文风需要凝视。张若虚以"江天一色无纤尘,皎皎空中孤月轮"凝视了月下的风景;

犀利的笔触需要凝视。鲁迅以"真的猛士,敢于直面惨淡的人生,敢于正视淋漓的鲜血"凝视中国社会与劳动人民;

心灵的感悟需要凝视。史铁生用"世界以痛吻我,我要报之以歌"凝视内心,看透生死。

这位考生深谙作文构思的"分解思维"。从作文结构看,三个分论点,其实是把中心论点"文学,需要凝视"做了分解。作者对中心句中的关键词"文学"做了内容构成上的分解,即将"文学"分解为"文风""笔触"和"心灵的感悟"。以此分解为基础,作者确立了紧扣中心句的三个分论点句——"清新的文风需要凝视""犀利的笔触需要凝视""心灵的感悟需要凝视",从而建构起文章的整体框架。

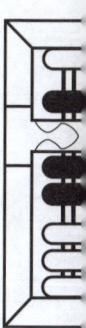

在起名字上也可以用分解思维,从中国古典词句中拆分出喜欢的词作为自己的名字。我国古人起名都有引经据典的习惯,还有"女诗经,男楚辞,文论语,武周易"的说法。《诗经》中的词句很多具有清新、柔美的风格,所以女孩子的名字多从《诗经》里选,当然也有男子从《诗经》里选名字的。而《楚辞》是我国第一部浪漫主义诗歌总集,辞藻华美,还常使用象征手法,用以给男子起名字吉祥、大气、嘹亮。

屠呦呦,出自《诗经·小雅·鹿鸣》:呦呦鹿鸣,食野之蒿。

琼瑶,出自《诗经·卫风·木瓜》:投我以木桃,报之以琼瑶。

林徽因,出自《诗经·大雅·思齐》:太姒嗣徽音,则百斯男。

梁思成,出自《诗经·商颂·那》:汤孙奏假,绥我思成。

王国维,出自《诗经·大雅·文王》:王国克生,维周之桢。

朱自清,出自《楚辞·卜居》:宁廉洁正直以自清乎。

南怀瑾,出自《楚辞·九章·怀沙》:怀瑾握瑜兮,穷不知所示。

梅兰芳,出自《楚辞·离骚》:兰生变而不芳兮,荃蕙化而为茅。

第七节
分解思维运动

戴望舒，出自《楚辞·离骚》：前望舒使先驱兮，后飞廉使奔属。

我们把一些整体的事物分解开来，使我们解决问题的目标更明确，从细分中**发掘新领域**。

人可分为男人、女人；老人、小孩；老年男人、老年女人，男孩、女孩；按区域划分，可分为中国人、美国人，南方人、北方人、内蒙古人、四川人等；按肤色划分，可分为黄种人、黑种人、白种人等；按职业划分，可分为学生、工人、军人、运动员等。

根据对人群体的分解，再把其中某一群体的人与某一产品结合后再分类，就可以开阔出新的领域。以化妆品为例，有女士化妆品、男士化妆品、老人化妆品、儿童化妆品；适合南方气候的化妆品、适合北方气候的化妆品；黄种人用的化妆品、黑种人用的化妆品、白种人用的化妆品；工人用的化妆品、学生用的化妆品、教师用的化妆品等。

再按照人体不同的部位使用不同的产品进行分解，分为脸部化妆品、手部化妆品、头发化妆品等；脸部化妆品再分解，有唇部化妆品、眼部化妆品、眉部化妆品等；头发化妆品也可分解，有洗发剂、护发剂、染发剂、生发剂等。

我们把**绘画**的常见类型进行分解,从分解中发掘绘画的新形式。

绘画按载体、颜料、工具和技法等的不同可分为:中国画、油画、版画、水彩画、水墨画、水粉画、帛画、壁画、版画、蜡画、丙烯画、铅笔画、钢笔画、镶嵌画等。

绘画需要有载体,如画布、画纸、墙壁、玻璃、木板、扇面、石头、瓶子、电脑屏幕等;需要工具,如毛笔、铅笔、钢笔、油笔、蜡笔、粉笔、刻刀、手指头等;需要颜料,如油彩、水彩、水粉、墨汁、丙烯等。

改变绘画的载体,在木板、葫芦、羊毛毡子上用烧热的烙铁当笔,熨出烙痕作画,就出现了"烙画"。

临摹徐悲鸿作品的烙画

改变绘画的颜料,有一位画家用母亲的头发在布上绣出母亲的头像,这幅画融入了作家的情感,成为一件有灵魂的作品。

第七节
分解思维运动

改变绘画工具,用手指头蘸上颜料绘画。我国唐代就有关于"指画"的记载,它是中国传统绘画中的一种特殊的画法,画家用手指代替毛笔,蘸墨作画,别有一种趣味。

中国的**汉字**是世界上最古老的文字之一,已有六千多年的历史。它集形象、声音和词义三者于一体,蕴含我们老祖宗的深刻智慧,具有优美、易懂、形象、辨识度高、关联性强、直观达意等特征,具有独特的魅力。我们把一个单独的汉字进行拆分,从拆分的字或偏旁部首,再对这一汉字进行诠释和理解,虽然不一定是这个汉字产生和演变的初衷,但仍然可以引起我们美妙而大胆的联想,领悟丰厚的人生哲理,给人美的享受。

道——首为头,有道的人就是有头脑地行走。

送——走关系的一种手段。

赶——不停地走,不停地干,就会后来居上。

起——人生的每一次提升,都是自己走出来的。

值——人要站得直才有身价。

位——坚持立场的人,才能找到自己的位置。

偏——有了偏见,常常会把人看扁了。

使——人一旦做了吏,就爱使唤别人。

患——一串的心,心思多了不好。

悲——心头想入非非,结果必然可悲。

恩——感恩戴德或忘恩负义,都因为这颗心。

忌——心里只有自己的人，怎能不为人所忌？

您——把你放在心上，是对您的尊重。

赖——懒汉不用心，只想不劳而获。

谊——言谈适宜，能增进彼此的感情。

评——评价事物时，言辞必须公平。

方——万人出点子，自有好方法。

臭——因为自大了一点。

狠——有点狠。

厌——可庆的事，只要偏差了一点就变得可厌。

企——企业少了人才，必然止步不前。

会——开会就是人云亦云。

食——要想人家说你好，就得请吃饭。

海——海纳百川，是因为它包容每一滴水。

汗——干，就得流汗水。

问——只要开口问，学习就有门。

闭——闭门不出，方能成才。

品——一口，一口，再来一口，味道不错。

吃——如果一生只讲吃，那就成了乞丐的口。

智——智慧的人每天把知识当成头等大事。

劣——只有低劣的人，才会设法少出力。

夸——一个自大的人，最终是要吃大亏的。

旧——新的东西，过了一天就变成旧的了。

研——只要不断地钻研下去，顽石也会开窍。

衅——引起争端，多半是要付出血的代价的。

第七节
分解思维运动

够——再讲一句话就多了,这是说话的诀窍。

欲——只欠一步,就会堕入罪恶的深谷。

毛——手伸错了地方,就是毛病。

算命先生的**测字术**,其实就是解析汉字。将汉字进行拆解、重组后,再把这个字的释义与人的命运联系在一起,给人预测福祸。从本质上讲,这是一种违背科学的迷信活动,但也包含着算命先生们会察言观色,以及能将一个字拆解、重组并应用于一个事物的智慧。测字一般分为三个步骤:第一步,**离合**,把一个汉字分解成几个字,或者把几个字合成为一个字;第二步,**引申**,是指通过假借、会意等手段,用拆解或重组的汉字引申出一个事情或事物来;第三步,**事兆**,根据这一事情或事物来推断吉凶。

古时,有三个书生要去赶考,临行前找算命先生给自己测字,算算前程。第一个书生写了个"忠"字,算命先生说:"你一定高中(zhòng)。"第二个书生说:"我也测个忠字。"算命先生却说:"恭喜恭喜,你不但能中,还能荣登三甲。"一看结果都如此好,第三个书生说:"他们测忠字那么好,我也来个忠字。"先生一听,摇头说:"你不但高中无望,谨防染疾。"后来,果然都应验了。算命先生道:"第一位是无心之忠乃为中,故金榜题名;第二位是接连之中,故连中;第三位是多口多心之忠,乃为患。"

《孙子兵法·谋攻篇》中讲道：故用兵之法，十则围之，五则攻之，倍则分之。译文是：根据用兵规律，有十倍于敌人的兵力就包围歼灭敌人，有五倍于敌人的兵力就猛烈进攻敌人，有多一倍于敌人的兵力就分割消灭敌人。

在战争史上，利用"分割敌人，各个击破"的方法取得胜利的例子有很多。在解放战争中的平津战场上，对敌人采取分割包围各个击破的战术最为突出。毛泽东在1948年12月11日的《关于平津战役的作战方针》中，确定了东北野战军要在25日前完成对天津、塘沽、唐山等地的包围；对张家口、新保安采取"围而不打"；对平、津、通州等地采取"隔而不围"的方针。当完成将敌人分别阻隔于平、津、塘等地区的战略部署后，人民解放军于22日首先攻克新保安，24日歼灭张家口之敌，1949年1月15日东北野战军攻克天津，17日塘沽之敌从海上逃走，31日陷于孤立的北平傅作义集团接受了和平改编。

"断章取义"是产生幽默的一种技巧，它是将原意根据自己的需要进行拆解，使结果与原意大相径庭。也就是把一件事情进行拆解，拆解后的事情有了新的解释、含义，甚至产生了荒谬，便有了笑点。

☀ 一个员工上班时间去理发店理发,被经理发现了:"你为什么在上班时间理发?"员工答道:"头发是在上班的时间长出来的。"经理说:"那你的头发在下班后也生长了呀!"员工说:"所以我没有剃光头哦。"

☀ 妻子从鞋盒里拿起丈夫刚给她买回来的一只鞋子,问:"这鞋子多少钱?"丈夫答道:"500元。"妻子又问:"那你为什么拿走了1000元?"丈夫答道:"另一只鞋子也是500元。"

☀ 一位年过半百的贵妇问萧伯纳:"您看我有多大年纪呢?"萧伯纳认真地说:"看您的牙齿,像18岁;看您的头发,像19岁;看您的身材,像20岁。"贵妇非常高兴:"那您能准确地猜出我的年龄吗?"萧伯纳说:"一定是我刚才说的3个数字加起来之和。"

Ⅰ. 小王开着一辆小汽车出行,半路一只轮胎爆胎了,他卸下来更换备胎,一不小心把固定车辄辘的4个螺母都掉

到了河里，找不到了。这里离修理厂有十多千米，小王是用什么办法把车开到修理厂的？（答案见 225 页）

Ⅱ．一个人向一位书法家求一幅字，这位书法家对他有成见，多次拒绝，无奈这个人多次苦求，于是书法家写了"不可随处小便"六个字。书法家认为这个人一定不会把这幅字挂出来，过了几天，这个人把装裱后的这幅字挂在墙上，请书法家和一些朋友去他家做客，结果一进门，大家都对书法的功力和内容赞不绝口。这是为什么？（答案见 225 页）

Ⅲ．通过一次切割，把下图分成两个相同的形状。（答案见 225 页）

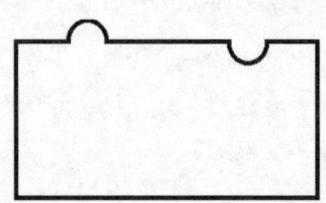

Ⅳ．列举 5 种利用分解方法进行训练而完成一种技能的项目。例如，正步训练。正步是指队伍行进的一种步法，不经过专门的训练是难以达到标准的。训练的方法是将各个动作先进行分解训练，然后把动作连贯起来：第一步，摆臂训练；第二步，踢腿训练；第三步，摆臂和踢腿结合训练；第四步，行进训练。

Ⅴ．有两个盲人在商店各自买了两双袜子，两人都是买的一双白色的，一双黑色的，这四双袜子都是同一品牌，同

第七节
分解思维运动

一尺码,每双袜子的包装都没有打开。在回去的路上他们把四双袜子混在一起放到包里,那么他两人在没有别人帮助的情况下,用什么办法使两人各自得到一双白袜子和一双黑袜子呢?(答案见 225 页)

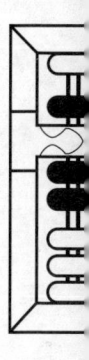

Ⅵ. 有一位工人为老板干了 7 天的活,报酬是一块金条。工人有一个要求:每天做完活,必须结账。老板只愿意付当天的报酬,不愿意预付。如果只能在金条上切两刀,且金条不能卷,不能磨粉,请问老板该怎么切分这根金条?(答案见 225 页)

Ⅶ. 小明的爸爸让他拿着一个空瓶子去打 5 两散酒,可商店里卖酒的量具只有能装 7 两的和能装 3 两的各一个,店老板让小明用这两个量具自己打酒,小明怎样才能精准地打 5 两酒呢?(答案见 225 页)

第八节

简化思维运动

234 概 念

简化思维是对复杂的事情进行分析,把原本繁杂的内容进行梳理、整合、精简,过滤掉无用的信息,直击问题的本质,集聚精力来主攻需要解决的问题,以简单、轻松的方法来应对难题的一种思维方式。

简单说,就是把思维"减一减",从复杂的事情中找到重点,从而把问题简单化。

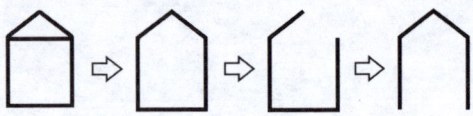

第八节 简化思维运动

2 234 案例

美国太空总署曾经向全球征集一种供宇航员使用的书写工具,要求是:不考虑成本,必须能在真空环境中使用,不需补充墨水或油墨,不受气压的影响,不可因外部原因造成书写故障。消息发布后,世界各地的各种方案花样繁多,其中不乏一些高科技的产品。但一封来自德国的电报却让美国太空总署的官员看后十分汗颜,这封电报写道:"试过铅笔没有?"

寓言故事、童话故事是把一个深刻的道理,以简单、生动的形式展现出来,让人们更容易接受和理解。《谁动了我的奶酪》是美国作家斯宾塞·约翰逊创作的一本寓言故事书,该书出版于1998年,两年就销售了2000多万册,跃居《纽约时报》《华尔街日报》《商业周刊》畅销图书排行榜第一名。2001年,经中信出版社引进我国后,连续128周雄踞中国各大媒体畅销书排行榜前列。这么一本薄薄的寓言故事书,为什么能够这样吸引读者,作者通过两只小老鼠和两个小矮人一起去一个迷宫中找奶酪的简单故事,传递了一个"与其抱怨,不如改变"的人生大道理,故事生动且简

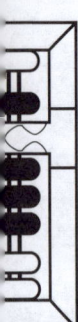

洁,让我们从一个简单的小故事感受到自己在人生道路上所遇到的困惑,并从中找到前进的方向。

有一家工厂的冲床容易因为操作工操作不慎发生事故,造成操作工手指残疾。为解决这个问题,技术人员设计了用红外线、超声波、电磁波等控制系统来实现冲床自动停车的方案。最终目的是要实现操作工的手在接近刀头时冲床能够自动停车,但效果都不理想。一天,有一名操作工出了个绝妙的主意:操作工坐在椅子上操作,在椅子的两个扶手上各装一个开关,只有同时按下开关,冲床才能启动。这样,操作工的两只手都在按开关,还怎么会发生事故呢?我们只要找到需要解决问题的实质,方法没有必要追求高端,简单就好。

 **234 实 践**

简化思维可以培养我们简单、高效、实用和适宜的行事方式。我们每天要面对各种没有价值和没有意义的信息,主动或被动地关注了太多与我们没关系的事情,这些无关的信息占据了大脑的大量空间,干扰我们的思考。很多事情,

第八节
简化思维运动

只要我们愿意努力寻找，就会发现总会有更简单的解决方法。简单，可以是舍去多余部分的减法，也可以是少即是多的精练艺术，甚至可以是一种事物到了高深处的大道至简。这里的"简"不是简陋肤浅，而是经过提炼形成的一种简约、简洁、精致，它是一种舍弃，更是一种收获，其精髓是"精于心，简于形"。

想运用好简化思维，要先掌握**简化思维的一般规则**。

相信简化的力量。简单，是一种生活哲学，是一种高效、经济的生活与工作方式，也是一种非常有价值的工作原则。解决问题，复杂意味着分散精力，简单则意味着集中精力，很多时候简单就等于高效。运用简化思维可以让我们抛开各种复杂情况，直击问题的实质。

全面指掌需简化的对象。我们要全面了解需要简化的对象，清晰明确自己想要实现的目标，我们需要什么？不需要什么？要质疑和摒弃现有元素，如果某一个元素找不到它存在的理由，那就果断地放弃。

验证简化方案的可行性。创新性和简化之间有着巨大的重叠，简化方案越精彩，它的创新性越强。简化方案必须是设计出来的，而不是生搬硬套的，不是"为改变而改变"。一种简化方案不一定适用于所有情形、所有对象，需要设计多种备选方案。一种解决方案的推出，遭到质疑不一定是糟糕的方案，反而全体成员都赞同的方案，或许并没有人真正

为这一方案动过脑子。

简化永无止境。我们常常接受脑子里蹦出的第一种解决方案,认为那已经足够好了,不轻易推翻。而事物总是在不断地更新和迭代,再优秀的方案也只有更简化,没有最简化,我们需要时刻准备创新下一种简化方案。

当我们需要对一件事情做出**决策**时,往往不知道从哪里下手,其实就分三步:第一步,了解事情的全貌;第二步,找出事情的关键点;第三步,进行利弊、得失的权衡。

以购房为例,购房者要考虑的要素是价格、布局、位置、环境、配套等,对房产要有一个全面的了解。那么关键点在哪里呢?如果经济比较拮据,就要先比较价格;如果重点追求家居环境,就要先比较房间布局;如果注重离工作地点、离亲友家的距离,或房产未来的升值空间,就要先比较房产的地理位置;如果家里有老人,就要看看小区的绿化情况,周边有无污染,有无噪声等,就要先比较自然环境;如果注重生活的便利,考虑周边是否有超市、学校、医院、地铁口等,就要先比较周边的配套设施。

购房要素比较

项目	A小区	B小区	C小区	D小区
价格	12900元/米²	14500元/米²	13800元/米²	10700元/米²
布局	户型、楼层满意	无满意楼层	容积率大,采光不好	户型不合理

第八节
简化思维运动

续表

项目	A小区	B小区	C小区	D小区
位置	离父母家近	离市中心近	热点区域	偏僻区域
环境	健身设施完备	绿化好，噪声大	物业管理差	附近有污染企业
配套	车位充裕	周边有优质学校	临近超市和医院	临近地铁口

我们把备选小区和选房要素列一个表进行比较分析，选房要素了解得越全面越好，根据自己的实际情况勾选出关键点，这样就把选房的决策简化了。

那么，我们在购买汽车、手机等商品时，是不是也可以用这种方法呢？

在现如今的社会生活中，快节奏逐渐成为主标签，"快"出现在我们生活的方方面面，要实现"快"，最简单的办法是用"简"。

在餐饮业，把菜单简化，主打几款大众喜爱的菜品，这样供应、储存、烹制和人工也都相应地简化了，就出现了一种餐饮业的新类型——快餐业；把物流业务流程简化了，简化了运输线路等，就产生了新的业务类型——快递业务；把小视频编辑得简短、精练，在短时间内使人们得到丰富多彩的讯息，又易于大众操作，就出现了"抖音""小红书"等短视频平台。

我们有时候会觉得自己为什么总是"生不逢时"呢?一件很不起眼的事情,却被别人做得风生水起,如果我早点想到做这件事,或许会做得更好。其实,任何一件事情、任何一件产品,都没有绝对的完美,只要我们肯努力,就只有更好,没有最好。

多年来,"老干妈辣酱"的地位在国内外几乎没有谁能够撼动,是辣酱行业中的"领头羊"。但在2015年,"虎邦辣酱"开始了多种方向、多种形式的探索,经历各种艰辛的尝试后,一次偶然的机会,他们发现了兴起不久的"外卖"市场。于是决定集中精力做好外卖消费市场。围绕年轻人生活节奏快的特点,制作了小包装的产品,一餐一个,即食即弃,方便快捷,单品价格还低。这样,"虎邦辣酱"没有在产品研发、广告营销等方面做更高的投入,而是采用将商品进行小包装的简化思维,为他们抢占了一份市场份额。

还可以把中国的传统美食进行新的开发,利用"简化思维"出品一种外形新颖、口味丰富的特色休闲儿童食品。例如,把饺子做成常规饺子三分之一或四分之一大小的小饺子,馅料选用小朋友喜欢的口味,饺子皮可用烤制的方法,烤得酥脆可口,这种好看、好玩、好吃的儿童小食品必定会受到小朋友们的喜爱。还可以做粽子、糖葫芦、包子等外形的微型儿童食品,让小朋友们玩过家家游戏时,直接用这些小食品,再不用玩那些食品模型玩具了。

第八节
简化思维运动

假设我们在清华大学某个研究生班的课堂上提出"2+2=",估计没有一个人敢站起来回答。为什么会这样呢?这是一种"复杂病"。现在,大多数的机器设备是功能越来越强大,结构也越来越复杂。但在某些特定的情况下,需要我们采用简化思维,针对需要解决的问题进行简化处理,以达到使用的最佳效果。

在19世纪末期,新生儿的死亡率极高,尤其是那些早产且体重不足的婴儿。后来,受到小鸡孵化器的启发,人们研发了可以保持恒温的育婴箱,因这一产品的应用,使婴儿的死亡率大大降低,育婴箱挽救了无数婴儿的生命。随着社会的不断进步,育婴箱在不断地改进和普及,现代的育婴箱已经成为一台非常复杂的设备,美国医院使用的一台标准育婴箱的售价大约要4万美元。类似埃塞俄比亚这样的发展中国家根本没有能力购买。国际社会曾捐赠了他们一批,但由于当地的电压不稳,不到5年的时间,就有大约95%的育婴箱不能使用了。因育婴箱结构复杂,如果设备坏了,当地的技术人员无法修理。后经技术团队研究发现,大多数发展中国家的小城镇基本都具备了汽车维修和养护能力,于是他们研发了一种新型的育婴箱,易损部件全部采用汽车的配件。其中的热源使用了汽车的聚光灯,换气扇使用了仪表盘上的风扇,报警器使用了车门蜂鸣器,动力使用了标准的汽

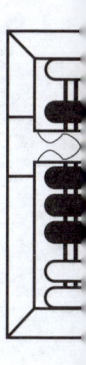

车电瓶。这样,不仅配件货源充足、价格便宜,而且一个一般的汽修技工就可对故障设备进行轻松维修。

历史上有很多流芳百世的重大决策,这些决策改变了人类历史的发展进程,如中国的商鞅变法、日本的明治维新、英国的工业革命、俄国的废除农奴制、美国的罗斯福新政等。在罗斯福推行的一系列挽救经济危机的政策中,一个"下令银行休业整顿"的简单创新决策,就起到了立竿见影、力挽狂澜的效果。

1933年3月,在罗斯福宣誓就任美国第32任总统的第三天,就发布了一个惊人的决定——全国银行一律休假三天。当时,美国正在发生持续时间最长、涉及范围最广的经济大萧条。由于大多数银行无法兑现现金,很容易产生金融恐慌,稍微有点风吹草动都会导致全国性的动荡和骚乱。这个"休假三天"的决策,看似平淡无奇,但抓住了解决问题的实质。这就意味着全国的银行中止支付三天,有这三天时间,银行系统就有了充足的时间进行内部资金的调整和准备。结果,大多数银行很快恢复了正常营业,纽约股市的股价也在一周内上涨了15%,这不仅避免了银行的瘫痪,而且带动了经济的整体复苏。

第八节
简化思维运动

在源远流长的中华文明中，很多事物都能称作是我们文明的瑰宝，其中最重要的一项是汉字。汉字的字体由古体字的古符号文字、甲骨文、金文、篆书，发展到隶书、楷书、草书、行书。**隶书**是汉字从古文字向今文字演变的分水岭，由篆书到隶书的变化学术界称之为"隶变"，是书法史乃至文字史上的一次重大变革。隶书的创建，告别了延续三千多年的古文字而开端了今文字，字的结构打破了古文字象形的古老传统，由象形为主转为会意为主，实现文字的符号化。它相比篆书更容易书写，实用性更强；相比楷书更具装饰性，更有古文字的那种庄重感和神秘感。我们不禁赞叹，在汉字的演变过程中，凝聚着太多古人的智慧。其中，简化思维起到了重要的作用。

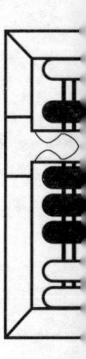

隶书的创始人相传是秦代的书法家程邈，他最初是一个善于写篆书的县狱吏，因得罪了秦始皇，在狱中待了十年之久。在监狱中，他百无聊赖，决定做出一番成绩。因为他曾经当过狱吏，所以深知使用篆书处理政务的不便，于是决定创造出一种既容易识别又好写的新字体。将篆书字体中不必要的东西去除，去繁就简，只剩下那些精华部分；他将笔画"曲"改为"直"，将"连笔"改为"断笔"，创造了三千多个方方正正、简洁大方的隶书汉字。秦始皇看了程邈整理的文字后，不仅赦免了他的罪过，还封他为御史。

上善若水

隶书与篆书的比较

　　谚语是民众口头流传的具有一定的认识和教育作用的通俗而精辟的定型化语句。多数谚语是民众的丰富智慧和普遍经验的规律性总结，素来被人们誉为"智慧的花朵""人生经验的总结"。它是民间集体创造、广为流传、言简意赅并较为定性的艺术语句，多是口语形式的通俗易懂的短句或韵语，使语言增加了鲜明性和生动性。恰当地运用谚语可使语言活泼风趣，增强语言或文章的表现力。

　　2011年5月23日，谚语（沪谚）经国务院批准列入第三批国家级非物质文化遗产名录。

　　2014年11月11日，谚语（陕北民谚）经国务院批准列入第四批国家级非物质文化遗产名录。

　　据我国唐代的茶著中记载，当时喝茶是要放盐的，所以民间有这样一个谚语："没有盐味，茶难喝；没有谚语，话难说。"可见有了谚语，难说的话就不难了，就变得简单了，是谚语把复杂的问题简化了。我们平时要讲一件事情或

第八节
简化思维运动

讲一个道理,往往需要讲很多的论据、例子,苦口婆心地讲,婆婆妈妈地说,也不一定能让对方明白或接受。但前人已经把一些繁杂的经验、理论和道理等,简化和浓缩为一句简短的谚语,后人只要直接拿过来用便可提升说服力。如果没有"师傅领进门,修行在个人"这一句谚语,我们要想说明一个人自身努力的重要作用,就需要引经据典、金章玉句、旁敲侧击才能达到说服的效果。

谚语所反映的内容涉及社会生活的各个方面,类别繁多,不胜枚举。从内容上来分类,大体分为:气象类、农业类、卫生类、社会类、学习类等。下面列举一些谚语,让我们一起来品味其中的智慧。

朝霞不出门,晚霞行千里。

天上钩钩云,地下雨淋淋。

燕子低飞要落雨。

冬吃萝卜夏吃姜,不用医生开药方。

饭后百步走,活到九十九。

良药苦口利于病,忠言逆耳利于行。

一等二靠三落空,一想二干三成功。

一回生,二回熟,三回过来当师傅。

三心二意一事无成。

笑一笑,十年少;愁一愁,白了头。

一日练,一日功,一日不练十日空。

花有重开日,人无再少年。

饱时省一口,饿时得一斗。

吃饭先尝一尝,做事先想一想。

良言一句三冬暖,恶语伤人六月寒。

棋不看三步不锒子。

鱼在水中不知水,人在风中不知风。

人到事中迷,就怕没人提。

病好不谢医,下次无人医。

吃人家的嘴软,拿人家的手短。

打架不能劝一边,看人不能看一面。

当家才知柴米贵,养儿方知父母恩。

好记性不如烂笔头。

书本不常翻,犹如一块砖。

拳不离手,曲不离口。

常说嘴里顺,常写手不笨。

书读百遍,其义自见。

成语是中国传统文化中的一颗璀璨的明珠。它有固定的结构形式和说法,表示一定的意义。成语又是一种现成的话,跟谚语相近,但是也有区别。成语有很大一部分是古代相承沿用下来的固定短语,来自于古代诗句、著作、历史故事或口头故事等。成语的意思精辟,说出来大家都知道,可以引经据典,有明确出处和典故,并且使用程度相当高。这样,我们借用古人的智慧,把成语运用到我们日常的语言或文章中,就可以使表述既简洁又生动了。

第八节
简化思维运动

最荒凉的地方——不毛之地

最遥远的地方——天涯海角

最吝啬的人——一毛不拔

最长的一天——度日如年

最昂贵的文章——一字千金

最赚钱的生意——一本万利

最洁净的东西——一尘不染

最有胆量的人——胆大包天

最惨重的失败——一败涂地

最有效的劳动——事半功倍

最珍贵的承诺——一诺千金

最大的功绩——丰功伟绩

最全面的改变——脱胎换骨

最危急的时刻——千钧一发

最大的本领——开天辟地

最大的空间——无边无际

最大的幸运——九死一生

最绝望的前途——山穷水尽

最好的药方——灵丹妙药

最好的医生——起死回生

最完美的东西——十全十美

最重的疾病——病入膏肓

最艰难的争辩——理屈词穷

最长的寿命——万寿无疆

最失望的心情——万念俱灰

最孤独的人——形单影只

最悬殊的区别——天壤之别

《三十六计》中的第十八计——**擒贼先擒王**，用的就是简化思维。解决问题要抓住问题的实质，局势千变万化，先把"王"抓到手，其他的事情就简单了。

法国雕塑艺术家奥古斯特·罗丹的主要作品有《思想者》《青铜时代》《加莱义民》《巴尔扎克像》等。曾经有人问在大街上散步的罗丹：什么是艺术？他毫不迟疑地回答：减去多余的部分。就这么简单吗？就这么简单。简洁、清晰、明白是最高原则，把想表达的内容准确地传达出来，除此以外，即为多余。罗丹的名作《巴尔扎克像》塑好后，他的几个弟子对雕像的双手赞不绝口，罗丹二话没说，抄起斧头砍去了雕像的手。为什么这双精美绝伦的手成为多余的东西？因为它太突出，已经超越雕像的整体。在这座身披睡袍、昂首仰视前方的巴尔扎克像里，罗丹要突出的是他饱满宽广的前额，要表现的是大师睿智、深邃而又富于激情、傲岸不羁的气质，而这双手却分散了我们的注意力。

第八节
简化思维运动

《思想者》(奥古斯特·罗丹,1880年)

《巴尔扎克像》(奥古斯特·罗丹,1897年)

对一件事或一个问题,不直接地、全面地进行表述,而是用一句简短的话表达出来,这句话往往含有暗喻、暗示的意思,留给听者想象的余地。这样,不用烦琐的理论,就能够使人心领神会,起到了事半功倍的效果,所产生的**幽默**的精髓就在于简练。

在一次制定美国宪法的会议上,有位议员突然发言:"在宪法里要规定一条:常规部队任何时候都不得超过5000人。"华盛顿平静地说:"这位先生的建议的确很好。但我认为还要加上一条:侵略美国的外国军队,任何时候都不得超过3000人。"

有两个国家发生边境纠纷,两国的军方代表进行会晤,一方说:"我们能参战的兵力是100万人,而你们只有50万人。"另一方的代表答道:"那我们每人打两枪。"

一家公司招聘一名业务员,来应聘的有十多人,负责招聘的人事部经理出了一道考题:"谁能第一个说服我走出这个房间,就聘用谁。"接着人们都在努力构思自己的理由,有人说肚子疼,要去医院;有人说家里煤气忘了关,需要马上回家……有一个小伙子说:"我放弃这次招聘,我可以走了吗?"结果这个小伙子被聘用了。

第八节 简化思维运动

234 训 练

Ⅰ. 一家生产著名品牌运动鞋的工厂，生产出的鞋子总是被工人偷走，用什么办法可以有效地制止丢鞋子事件的发生呢？（答案见225页）

Ⅱ. 在一个阳光明媚的春天，几个小伙伴在野外准备拾柴火烧水喝，发现所拾的柴火有点少，不够烧开一壶水，还想马上喝到开水，用什么办法使水快速烧开呢？（答案见225页）

Ⅲ. 用什么方法称出一只猫的重量？例如，把猫放进笼子里，称完重量再减去笼子的重量；秤盘上放上猫食，引诱猫上秤盘；给猫喂点安眠药……还有什么更简单的办法呢？（答案见225页）

Ⅳ. 雪山的另一侧急需送过去一个小救援设备，可用的交通工具只有一个热气球，有三个人都想过去，三个人中一人是气象学家，一人是医生，一人是工程师。但热气球最多只能承载两个人，现在需要以最快的速度翻越雪山，那不让谁上热气球呢？（答案见225页）

Ⅴ.

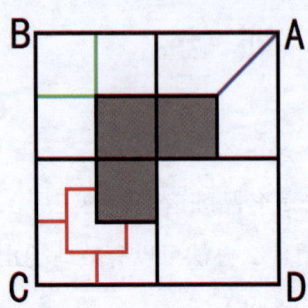

我们将上图 A 区域中白色部分划分成了 2 个面积相等的图形；将 B 区域中白色部分划分成了 3 个面积相等的图形；将 C 区域中白色部分划分成了 4 个面积相等的图形。请将 D 区域中白色部分划分成 5 个面积相等的图形。

Ⅵ. 假如卢浮宫不幸失火了，墙上挂着《蒙娜丽莎》《自由引导人民》《加纳的婚礼》《拾穗》《梅杜萨之筏》《花园中的圣母》《蓬巴杜夫人全身像》《田园合奏》《画家与女儿像》等世界名画，而你的时间只够救出其中的一幅画，那么，你将抢救其中的哪一幅？（答案见 225 页）

Ⅶ. 有一条饮料灌装流水线，不知道是什么原因，每 100 瓶中总是有一两瓶是空瓶子，灌不进去饮料，用什么方法挑选出流水线上的空瓶子？例如，用红外线扫描仪寻找空瓶子。还有更简单的方法吗？（答案见 225 页）

第九节

组合思维运动

1 234 概 念

组合思维是将两种或两种以上的元素通过想象加以连接后，再进行恰当组合，从而变成彼此不可分割的新整体，形成新理论、新方法、新技术、新功能、新产品等的一种思考方式。

简单说，就是把思维"加一加"，把相关要素整合在一起，产生一种全新的效果。

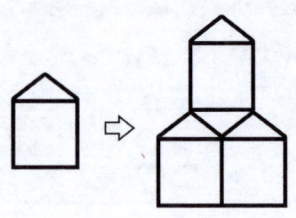

第九节 组合思维运动

2 234 案例

在我国各民族千百年的历史发展过程中,中国龙从猪首和蛇身的组合,发展到由猪首、蛇身、鹿角、牛耳、羊须、鹰爪、鱼鳞等组合起来的一个图腾,可以说龙是我们中华民族的象征。蛇、猪、鹿、牛、羊、鹰、鱼单独看都只是一些司空见惯的动物,但当把它们有机地组合起来,就是一个不可战胜的"神"。具有了一种象征意义,象征着一种精神,在中国传统文化中有权势、高贵、尊荣的象征,又是幸运与成功的标志。

鸡尾酒通常以朗姆酒、金酒、龙舌兰、伏特加、威士忌、白兰地等烈酒或葡萄酒作为基酒,再配以果汁、蛋清、苦精、牛奶、咖啡、糖等其他辅助材料,加以搅拌或摇晃而成的一种混合饮品,最后还可用柠檬片、水果或薄荷叶作为装饰物。鸡尾酒的起源有多种说法,其中一种说法是:

1776年,在美国纽约州埃尔姆斯福有一家用鸡尾羽毛作装饰的酒馆。一天当这家酒馆各种酒都快卖完的时候,几个军官走进来要买酒喝。一位叫贝特西·弗拉纳根的女侍者,便把所有剩酒统统倒在一个大容器里,并随手从一只大公鸡身上拔了一根毛把酒搅匀端出来奉客。军官们看看这酒的成色,品不出是什么酒的味道,就问贝特西,贝特西随口答道:"这是鸡尾酒!"一位军官听了这个词,高兴地举杯祝酒,还喊了一声:"鸡尾酒万岁!"从此便有了"鸡尾酒"之名。

康熙御笔的一个"福"字,由"多、子、田、才、寿"五种字形组合而成,寓意"多子、多田、多才、多寿、多福"。从书法角度看,将这几个不同的汉字组合为一体却仍流畅自然,已属罕见,更为奇妙的是把人世间所有美好的祝福都融合在一个汉字里,这也是世上唯一的"五福合一"之"福","福寿合一"之"福",它又被称为"长寿福"和"天下第一福"。

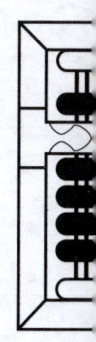

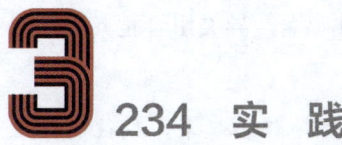 实　践

　　组合思维并不是把两个事物生搬硬套地拼凑在一起，而是按照事物之间的内在联系，把两个看似不相干的事物经过组合后，增加了新的功能，产生了新的用途，产生令人耳目一新的感觉。组合不是偶然的巧合，需要我们对事物进行拓展思考、积极发散，从多方位、多角度探索组合的可能性。

组合思维的形式多种多样,常见的**组合思维的形式**有:

同类组合:若干同类事物的组合。参与组合的对象,在组合前后基本原理和结构一般没有根本的变化,通常具有组合的对称性或一致性。

把两个或两个以上同类的物品组合在一起,所产生的新物品具有了更强的功能:双向拉锁、三合木板、双排订书机、多缸发动机、双头液化气灶等。

异类组合:两种或两种以上不同领域的技术的组合或不同功能的组合等。组合对象来自不同的方面,一般无主次关系。参与组合的对象从意义、构造、成分、功能等任一方面和多方面互相渗透,整体变化显著。异类组合是异类求同的创新,它的创新性很强。

我们把一些物品或事物有机地组合起来,往往能产生神奇的东西:数据+文字+图像+声音=多媒体;台秤+电子计算器=电子秤;飞机+飞机库+军舰=航空母舰;手枪+消音器=无声手枪;自行车+移动支付=共享单车等。

重组组合:是把事物的不同层次分解开,然后再按照新的目标重新组合。重组作为手段,可以更有效地挖掘和发挥现有技术的潜力。

很多中国汉字就是将两个或多个汉字重新组合成一个新汉字:嫑(biáo),方言,不要的意思;嫑(jiáo),方言,只要的意思;歪(wāi),方言,不正的意思;孬(nāo)方言,不好的意思;砼(tóng)是指混凝土,是著名结构学家

第九节
组合思维运动

蔡方荫教授1953年创造的新字,由"人""工""石"3个字组合,混凝土就是一种人工石,非常形象;1个火——火、2个火——炎、3个火——焱(yàn)、4个火——燚(yì),越来越热、越来越旺。

共享组合:是指把两个或两个以上的要素进行组合,各要素原有的功能仍然共存于这个新事物之中,而这些要素的组合又使这一新事物具有更巧妙的结构和功能。

国外一家公司推出了一款新颖又实用的灭火器,它将灭火剂容器和花瓶进行组合,把玻璃花瓶做成双层结构,夹层放置灭火剂。遇到火灾时,将花瓶投置到着火点,花瓶破碎,灭火剂释放出来,将火熄灭。花瓶的作用是为了摆放花卉,所以花瓶一定会摆放在显眼处,紧急情况时能够立即找到,救火时,一拿一扔,操作起来轻松便捷。

补代组合:是通过对某一事物的要素进行摒弃、补充或替代,形成一种在性能上更为先进、新颖、实用的新事物。

把老年人用的手杖和其他物品组合:带手电筒的手杖、带收音机的手杖、带定位仪的手杖、带急救药盒的手杖、带呼救器的手杖、带折叠凳的手杖等。

概念组合:是以词类或命题进行的组合。

词类或命题的组合为原有的概念赋予了新的意义:绿色食品、音乐餐厅、咖啡书店、武术学校、阳光拆迁、阳光录取等。

综合组合：是指为了完成重大课题，在已有的学科、概念、知识、方法、技术不能解决时，创造出新的学科、新的概念、新的方法和新的技术等，并对其进行重新组织和安排。

手机就是一个利用各种技术综合而成的神奇组合，它融合了电视机、录音机、收音机、照相机、计算器、导航仪、钱包、台历、闹钟、书籍、手电筒、相册、记事本、地图、指南针等功能，而且它的功能还将不断增加。

利用图表进行组合，寻找结合点，开发新的物品。

家具与家用电器的组合

	床	沙发	桌子	衣柜	镜子	电视
床	上下床	*	*	*	*	*
沙发	沙发床	组合沙发	*	*	*	*
桌子	床头桌	沙发边桌	组合桌	*	*	*
衣柜	床头柜	隐藏式沙发	组合柜	组合衣柜	*	*
镜子	床头镜	沙发镜子	梳妆台	柜中折叠镜	多角度镜子	*
电视	床上电视	沙发电视	电视桌	电视柜	隐含显示器的镜子	画中画电视
灯	床头灯	沙发灯	台灯	带灯衣柜	镜前灯	投影射灯

第九节
组合思维运动

大家再把其他一些日用品列出图表进行组合,看看能否开发出一些新的产品。

火药是我国古代四大发明之一,它由硝酸钾、木炭和硫黄混合而成。火药据传是由晋朝葛洪发明的,其研究开始于古代道家的炼丹术。火药这一发明大大地推进了人类历史发展的进程。

还有哪些两种或多种物质结合后发生奇特化学反应的例子呢?

瑞士军刀是一种设计精巧的袖珍万用刀,因瑞士军方为军队配备这种组合工具刀而得名。它是把我们常用的剪刀、平口刀、开罐器、螺丝刀、镊子、钳子、小锯、小锉刀等基本工具组合在一起,这种方便的多功能袖珍刀具极受大众的欢迎。刀的功能也在不断地改进,又增加了标尺、剥线器、钥匙圈、钻孔锥、放大镜等,现在的瑞士军刀可以有一百种以上的组合。美国宇航局在多个太空任务中为宇航员配备了瑞士军刀。瑞士军刀的一些经典款还成为了艺术品被人们收藏。

我们用食用油炸制食物后,锅里常常剩下一些油,为了避免这些食用油暴露在空气中被氧化,需要将油归回油瓶中,此时**油漏斗**是一个必不可少的厨房用具。而油漏斗使用时间长了不好清洗,需要经常更换。那么,食用油生产厂家在油瓶子上附加一个漏斗,把油瓶子和漏斗组合在一起,一款"一种带漏斗的食用油瓶"(实用新型专利,专利号:202020139257.6)就轻松解决了生活中的这一困扰。油瓶子可以做成1升以下的小瓶包装,瓶口上可卡一个连接环,与5升大包装食用油的油桶连接在一起,带漏斗的小瓶食用油可作为促销的赠品。将油瓶子的外形设计成"一滴油"的形状,新颖的外形、实用的功能,必然能够引起消费者的关注。

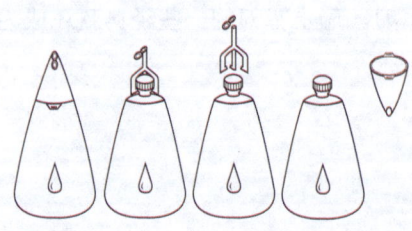

第九节
组合思维运动

很多看似毫无关联的物品,我们把它们有机地组合在一起,往往能产生奇异效果,从而诞生出新的产品。我们还可以把哪些物品有机地组合起来呢?

在**烹调**方面,一种食材与另一种食材根据它们各自的特性进行组合,就是味觉的创新,就能够烹饪出一道美味的菜品。西红柿炒鸡蛋,我们日常生活中的第一快手菜,号称"国菜"。东北菜的三道特色菜——小鸡炖蘑菇、猪肉炖粉条、酸菜汆白肉,每一道菜的美味,都是经典组合的结果。佛跳墙是用鸡、鸭、羊肘、猪蹄、排骨、鸽蛋等丰盛的食材,经过厨师用慢火精心煨制而成,有诗曰:"坛启荤香飘四邻,佛闻弃禅跳墙来。"这一精心组合烹制的菜品一直以来都受到全球各界人士的赞誉,有一种说法是:没吃过佛跳墙,就不算吃过中国菜。

下面列举一种佛跳墙的食材配方,我们想象一下各种食材组合在一起,经过慢火煨炖,各种香味在热能的作用下,相互融合、相互渗透,最后把这个神奇的组合完美地交给了味蕾。

一种佛跳墙的食材配方:

主料:净鸭肫6个、水发刺参250克、鸽蛋12个、净肥母鸡1只、水发花冬菇200克、水发猪蹄筋250克、猪肥膘肉95克、大个猪肚1个、羊肘500克、净火腿腱肉150克。

辅料:姜片75克、葱段95克、桂皮10克、炊发干贝

125克、绍酒2500克、净冬笋500克、味精10克、水发鱼唇250克、冰糖75克、鲂肚125克、上等酱油75克、金钱鲍1000克、猪骨汤1000克。

比孤独更孤独的是什么？我们从唐宋八大家之一柳宗元的《江雪》中感受一下：

千山鸟飞绝，万径人踪灭。

孤舟蓑笠翁，独钓寒江雪。

诗人所描写的画面极其简单：一个穿蓑衣戴笠帽的老翁，独自坐在大雪江面的小船上钓鱼。

诗人把几个"孤独"铺垫、叠加、组合在一起：孤独一，"千山""绝"；孤独二，"万径""灭"；孤独三，"孤舟"；孤独四，"独钓"；孤独五，"寒江雪"。全诗仅20个字，而前10个字借用"千山"和"万径"的空旷和寂静作为画面的大背景，更加衬托出"蓑笠翁"的孤独。柳宗元将自己理想破灭、至亲相继离世、生活穷困、病痛折磨等所有的孤寂，

用"绝""灭""孤""独""寒"的各种孤独有机地组合在一起，使孤独更孤独，也更体现出诗人不屈的孤傲。

把几个事物按照一定的逻辑关系组合在一起，尤其是借用一些我们日常熟悉的名言、谚语、俗语、诗词等进行组合，在它们之间的相互对比中，由于它们之间微妙的关系，可以产生出**幽默**的效果。

☀ 这玩意儿别头上就是头花，别领子上就是领花，别腰上就是腰花。（电视剧《乡村爱情故事》中的台词）

☀ 善有善报，恶有恶报，不是不报，是你没有发票。

水能载舟,亦能煮粥。

 是金子总会发光,是镜子总会反光。

 世上最薄的三本书:美国的历史书、英国的菜谱书和德国的笑话书。

234 训 练

Ⅰ.列举20种组合而成的食物。例如,八宝粥、五粮液、佛跳墙……

Ⅱ.列举20种"双"物品。例如,双管猎枪、双头液化气灶……

Ⅲ.列举20种组合物品。例如,组合音响、组合工具……

Ⅳ.列举20种"一物多用"的物品或事物。例如,多功能书包、多功能拐杖……

Ⅴ. 列举 30 种两个物品组合创造出的新产品。

例如：笔 + 手电筒 = 微型手电筒。

　　　　笔 + 螺丝刀 = 螺丝刀笔

　　　　饭盒 + 电饭锅 = 电热饭盒

　　　　牙膏 + 中药 = 中药牙膏

　　　　…………

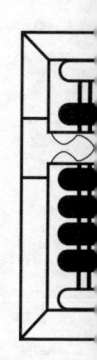

Ⅵ. 列举 30 种由两种或两种以上元素经过化学反应而形成的新物质。例如，氢 + 氧 = 水，氯 + 钠 = 氯化钠……

Ⅶ. 用喜、怒、忧、思、悲、恐、惊"七情"，写一个完整、生动的小故事。

第十节

整理运动

234 怎样提高创新思维能力

许多人认为创新思维能力是天赋,是不能后天培养的,这种观点是错误的。人的能力是指能够从事某种实践活动的本领,创新思维作为一种产生新事物、新思想的能力,并非天生地就,而是和其他能力一样,可以通过学习与训练而激发出来,并且可以不断地提高。它可以像锻炼肌肉一样"锻炼"出来,而且越"锻炼",创新思维越活跃,创新思维能力越强,创新成果越能涌现。只要了解了创新思维的内涵,掌握了取得它的方法,并在从事创新性活动的过程中,有意识地将创新活动的内容同创新思维结合起来,不断地总结提高,创新思维是人人皆可以培养出来的一种思维能力。

在理解了创新思维的概念,掌握了创新思维的原理、方法后,我们具备了创新思维活动的基础,要想成为一个创新思维能力强的人,还要**注重在意识、性格和意志等方面的培育和保护**。

第十节
整理运动

（一）从小注重培育和保护创新行为

一个人的创新思维最好从孩童时期就开始发掘、培养和保护，一个人从小就具备创新思维能力，家长和老师平时要注重观察、发现、引导、鼓励和保护孩子的创新意识和创新行为。我们孩提时对这个世界充满了好奇，用视觉、听觉、味觉、嗅觉、触觉不断地探索着这个神奇的世界。

我们闻闻醋，舔舔酱油，把醋和酱油混合起来，再尝尝味道。不管结果怎么样，敢于把这两种液体混合起来，这样的孩子就了不起！孩子的这种行为被家长看见了，通常会出现以下三类情况：

第一种情况，家长说："孩子，你真棒，真是天才！用它凉拌菠菜、凉拌土豆丝，一定不错！"这个孩子今后必定会有创新的意识，并敢于实践，勇于探索。

第二种情况，家长说："这孩子每天胡闹，各是各的味道，混合起来有什么意义？"这个孩子今后大概率会墨守成规，按部就班，循规蹈矩。

第三种情况，家长看见后视而不见，这个孩子今后能不能成才，全凭自己的运气了。

贪玩的孩子是富有想象力和创造力的，他们在玩耍中不断产生新想法、新点子，但这在成年人眼里是在做傻事，浪费时间。但往往正是这些新的玩法，使孩子们的情绪不断亢奋，玩得更开心，更能够创新出新花样。这样就在无意中慢慢地培养着一种扩展性的思维习惯，这种思维习惯保持下

去，就为日后的创新思维打下了基础。

为什么孩子总会有一些新奇的想法、奇特的创意？因为他们的思维还没有形成固定的模式，是自由的，想象力是异常丰富的、开阔的、活跃的。下面这两幅画是一位5岁半儿童的作品，你问他这幅画画的是什么，他也许自己也说不清楚，但这个场景就清晰地浮现在他的脑海里，而换了成年人可能就很难有这种构思了。

一位五岁半儿童的作品

一位五岁半儿童的作品

第十节
整理运动

一个孩子正在兴高采烈地谈论某个有趣的设想,父母在旁边嘲笑道:"你没有知识,所以每天做白日梦,总是异想天开,终将一事无成。"有了这几句话,貌似家长在激励孩子多学知识,但孩子爱幻想的天性被无情地否定了,他还不具备判断和辩驳的能力,这种负面的情绪将深深隐藏在孩子的潜意识里,束缚着孩子的思维,这孩子再想提升创新思维就比较困难了。

一天,幼儿园老师问:"冰融化了是什么?"这么简单的问题,大家都说:"冰融化了是水。"只有一个孩子说:"冰融化了是春天。"然后老师给了他一个叉,然后祖国少了一位诗人……

家长和老师要认真对待和解答孩子提出的问题。一个孩子爱提问题是好奇心和探索欲的自然表露,至少说明这个孩子能够主动思考、积极探究。要知道<u>学起于思,思源于疑</u>,一个孩子具备发现问题、提出问题的意识和能力,是非常可贵的。孩子们往往越小越爱提问题,有些孩子随着年龄的增长,反而不爱提问题了,这可能是在他们的过往中,由于自己提出了"可笑"的问题,而受到了伤害。孩子们的自尊心非常脆弱,但家长、老师或小伙伴们的"伤害"方式却是多种多样的。经常出现但被我们忽视的"伤害"有:一种是家长或老师对孩子提问题这一行为的漠视,不予重视、不予解答,使孩子怀疑自己提出的问题"幼稚",而感到羞愧;另一种是老师认为孩子提问题是想"出风头",是在影响教学程序,而对孩子进行批评;再一种是怕提出的问题不成问

题或问题毫无价值而被小伙伴们嘲笑。

假如一个孩子提出问题：井盖为什么绝大多数是圆形的？这时候，家长或老师都应该为这个孩子能提出这个问题而振奋，要及时进行解答和评价。第一，要赞扬这个孩子的观察力，能"看到"问题的人，一定是具有强烈探索欲和好奇心的人。第二，要赞扬这个孩子提出问题的能力，有提出问题能力的人，一定是勤于思考的人；敢于提出问题的人，一定是勇于探索的人。经过家长或老师这样的表扬，既避免了小伙伴们的嘲笑，又培养了孩子爱提问题的习惯。第三，家长和老师对待需解答的问题不能不懂装懂，欺骗或糊弄孩子，也不要给孩子一个教科书式的标准答案。这时候可以跟孩子一起探讨问题，帮助孩子自己解决问题。启发孩子自己回答这个问题，或者换个角度思考，由此及彼地设想更多的问题，这样就达到了引导孩子学习和思考的目的。

就如解答井盖为什么绝大多数是圆形的这个问题：

（1）从圆形和矩形的承受力上分析，圆形井盖受力后，压力向周围扩展，由于扩展均匀，不易破碎和崩塌。

（2）因为圆形的每一条直径都是相等的，所以圆形井盖不会因为放置方式不同而掉到井里。

（3）圆形是同一周长的平面图形中面积最大的图形，井盖做成圆形能够节约成本。

（4）在安装井盖的施工中，圆形井盖可以由一个人滚动搬运，而矩形的井盖一般需要两个人一起搬运。

（5）圆形井盖方便安装，在安装时不用刻意调整角度。

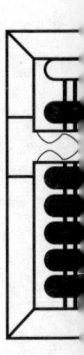

（6）圆形的井盖不易倾斜和形成上翘的棱角，能够较好地保护行人和车辆的安全。

（7）向孩子提出问题：什么情况下适合使用矩形井盖？设计三角形、五边形、六边形等多边形井盖会产生怎样的效果？

通过多维度的引导，使孩子体会到"提问题"的益处和乐趣，形成爱提问题的好习惯。

上面所述的是一个人孩童时期的成长环境对培养创新思维的影响，成年后我们的创新思维能力是不是就固化了，不会再有提高了？其实也不尽然，什么时候开始都不晚，只要我们意识到创新思维能力的重要性，成年人的生活阅历丰富、理解能力强，一旦有了明确的目标，更能够系统地、全面地、有针对性地提高自己的创新思维能力。我们长大后总感到有一些先天的不足，男孩总感觉自己的身体不够强壮，女孩总感觉自己的身材不够苗条，那么找一家健身馆，请一位健身教练，用科学的方法进行刻意训练，一定会有明显的提升。同样，成年人可以通过多阅读培养创新思维方面的书籍等方式，掌握创新思维开发的规律、方法和技巧，再通过刻意的思维训练，一定会使思维变得灵活自如，使创新思维能力得到明显提升。

（二）要培养创新意识

在当今各个领域都竞争激烈的大环境下，只有创新才

能立于不败之地，每一个人都应强化自己的创新意识，要敢于标新立异，培养对事物敏锐的洞察力，善于发现问题，敢于提出问题。

要培养创新意识，**首先，对所研究对象要有好奇心**。好奇心是包含着强烈的求知欲和追根究底的探索精神，爱因斯坦曾说过："我没有特别的天赋，只有强烈的好奇心。"**其次，对所研究对象要始终持有怀疑态度和批判精神**。不要迷信任何权威，应大胆地质疑，这是我们创新的出发点。不要认为被人验证过的都是真理。许多科学家对旧知识的扬弃，对谬误的否定，无不是从怀疑开始的。**再次，对所研究对象要有创新的欲望**。事物在不断地变化，有些知识或方法现在适用，将来不一定适用，所以它们在等待着我们去不断地进行创新。要在创新活动中体会到创新给自己带来的成就感，不断形成愉悦回路。**最后，对所研究对象要有求异的观念**。求异实质上是换个角度思考，从多个角度思考，不"人云亦云"，要接受解决问题的多样性。求异者往往要比常人看问题更深刻、更全面。

（三）要有实现创新的意志

创新实质上是一种挑战，因为它否定了人们习惯的旧思想，可能遭致公众的反对。要想完成创新活动，就要拥有坚定的信念和意志。**首先，要敢于表达自己的想法**。我们在自己的一生中会有太多的想法，其中大部分的想法在自己的论证中,被自我审查否定了。然后,我们再换一种思路,继续去审视、探索、验证、发现真正有价值的方案。如果我们认定了一个有价值的创新方案,就要勇敢地表达出来,说出来后多数情况下会被人质疑、否定,甚至被嘲笑。这时候,我们应该谦虚听取不同视角表达的诸多观点,并认真分析他人观点中有价值的成分,从而为进一步完善创新方案做好准备。**其次,对创新活动要做到永不言败**。创新的道路不可能一帆风顺,即使想要实现一个小创意、小方法也会遇到种种的困难。创新的过程从来不是一蹴而就的,在创新的过程中应坚定信心,不断进取。要相信只要坚持下去,不轻易放弃,一定会找到更优秀的解决方案。当创新活动误入歧途时,只要我们转换角度、变换方法,跳出思维的局限,一定会见到曙光。要坚信创新的力量,个人不创新,会被公司淘汰;公司不创新,会被行业淘汰;行业不创新,会被社会淘汰,社会不创新,会被历史淘汰。

诚然,知识是创新的基础,离开必要的知识,创新就会变成空中楼阁。但是,仅有基础是不够的,创新思维能力的提升不仅需要知识,还需要具备运用创新思维的方法和技巧,以及创新型人才的个性特质。下面列举了10条**创新思维能力强的人应具备的个性特质**,我们在日常的学习、生活和工作中,要有意识地刻意培养这些个性特质,使个人意志协助我们完成创新过程。

主动性：旺盛的求知欲和强烈的好奇心驱使我们积极探索、不断进取，并乐于接受新的事物。

洞察力：富于直觉，对环境有敏锐的感受力，能够深入事物或问题的实质，可以觉察到别人所未注意的细节。

变通性：思维通畅、灵活，善于举一反三，触类旁通，能想出较多点子，提出非凡的见解。

疑问性：持有怀疑态度和批判精神，敢于大胆发问，不盲从，勇于冲破传统的固有观念。

独创性：善于独立思考，勇于弃旧图新、别开生面。有别出新裁的见解和独辟蹊径的方法。

想象力：大脑中的新观点、新形象来自合理的联想。

自信心：深信自己所做事情的价值，即使受到阻挠和诽谤，也不轻易改变信念，勇往直前，直到实现自己预期的目标。

幽默感：幽默的个性使我们不会因别人讥讽和轻视而影响自己的情绪。

坚持力：敢于冒险，有百折不挠、坚持不懈的毅力和意志，具有直面困境的勇气，即使受到众多人的反对甚至是嘲笑。

严密性：灵感的火花闪过后，能深思熟虑、精心推敲，以求达到完美的结果。

相对于培养一个人的创新思维能力，培养一个人的创新精神更难一些，因为创新会受到各方面因素的阻扰，创新的道路往往异常艰难。一个具有创新精神的人，常常被人们

认定为是有偏执型性格的人。我们要坚信创新给自己带来的价值：你与别人不同的地方，才是你的价值所在。

在平时的学习、工作或生活中，**注重养成下列几种思维习惯**，有助于我们圆满完成创新活动。

（1）鼓励自己勤于观察周围的人、事和物，观察力强的人，想法也与众不同。

（2）多用画面思考法，因为它可以容纳较多的细节，以补救语言思考的不足，更可增强记忆力。

（3）要常给问题重新下定义或扩大涵盖的范围，对问题有新的理解或解释，才会有新的答案。

（4）在寻找答案的过程中，不妨采用脑力激荡的方法。先将自己和别人所想到的所有方案都写下来，先不作任何判断，等积累了大量的方案后，再从中求取最佳方案。

（5）将问题中的不同成分重新安排组合，往往会得到新的答案。我们不妨每天花点时间，试图找出两个不相干事物的共同之处，为这两个事物找一个有用或有趣的组合。

234　扫除创新思维的障碍

心理学中有个概念叫**"思维定式"**，它是按照积累的思维活动经验、教训和已有的思维规律，在反复使用中形成的比较稳定的、定型化了的思维路线、方式、程序或模式。简单说，就是在解决问题时，过于相信以前所用的办法，用过去的思维影响当前的思维。思维定式与创新思维是相悖的，是创新思维的障碍。

思维定式的形式有以下四个方面。

（一）依赖经验是一种思维定式

经验给我们在思考问题时带来倾向性，这种倾向性，对于解决一般性的问题可能起到积极的作用。它能使思考者省去重新摸索、试探的过程，节省脑力和时间，提高效率，能够"驾轻就熟"地解决问题。但所有事情都是在发展和变化的，当我们面临新情况、新问题，需要开拓创新时，它就会成为"思维枷锁"，阻碍新观念、新点子的构思，同时也阻碍头脑对新知识的吸收。不摆脱这种依赖经验的思维定

式，事情往往会原地踏步，甚至倒退。当人们习惯于依赖经验思考时，很容易养成一种思维偏见，使我们做什么事都得有章可循，否则就寸步难行。

国外曾流传这样一个故事，某工厂新生产了一种气压表，为了打开销路，一位销售人员灵机一动，想出一个"点子"。他来到教堂门前对人们宣布："谁能使用我的气压表获得教堂高度的准确数据，我就奖励他1000美元。"人群中有三个人对此感兴趣，第一位是科学家，他用气压表分别测出地面和教堂顶尖处的气压，然后把两处的气压差导入相关的公式，算出了教堂的高度；第二位是技术人员，他直接爬上教堂顶，然后一松手，让气压表自由落到地面，他根据气压表从离开手到地面的时间，导入自由落体公式，也计算出了教堂的高度；最终令人吃惊的是，获奖的却是一位艺术家，他将自然科学与人文科学巧妙地结合在一起，得到了准确的教堂高度。他根本不去测量，而是找到教堂的房管员，以气压表为礼物，请求看一下当初建教堂时的施工图纸。他不但最快，而且也最准确地获得了数据。

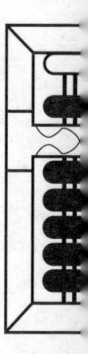

（二）从众是一种思维定式

它是当我们屈服于群体压力时，所产生的一种"随大流"的行为。例如，当满屋子的人都在大笑，而你并不知道他们为什么笑，这时你可能也跟着他们一起大笑起来。当满屋子的人都穿着白色的衣服，而只有你一个人穿着黑色的衣

服，即使没有人嘲笑你，你也会觉得全身不自在。从众牺牲了我们的个性，妨碍我们产生新的创见，压抑了我们的独创精神。如果一个问题的解决方案大家的想法都是一样的，就等于没有人真正开动脑筋。

一百多年前，有一个发明能力强的人（甲）与一个判断能力强的人（乙）相遇，谈论起"人类能否飞上天"的问题。甲说："人若像鸟一样能在天上飞，该多好啊！"乙说："你不懂动物学，鸟是靠强韧的胸肌扑动翅膀飞行。"甲坚持说："可以用发动机代替胸肌。"乙却说："物理学和机械学的原理说明，笨重的发动机自己不能飞，何谈带人上天？"甲说道："我们造一台重量轻、功率大的发动机试试看！"乙却笑话甲："你太天真了，那是不可能的"。如果按照乙的想法行事，不仅莱特兄弟不会发明飞机，更不会有今天的航天飞机。

（三）迷信权威是一种思维定式

不少人总习惯引证权威的观点，一旦发现与权威相违背的观点，就不假思索地进行否定。事实上权威也不一定永远正确，在英国皇家学会的会徽上有一句话："不迷信权威。"

能量守恒定律的发现者之一，德国物理学家赫尔姆霍茨从物理学的角度论证了机械装置要飞上天纯属空想。

大量的计算证明飞机是无法离开地面的。

第十节 整理运动

最早用三角方法测量月亮和地球之间距离的著名法国天文学家勒让德,认为制造一种比空气重的装置去飞行是不可能的。德国大发明家西门子也发表过类似的看法。

1902年,英国天文学家、数学家西蒙·纽科姆说,用比空气重的机器飞行不现实且无用,18个月后莱特兄弟的飞机试飞成功。

1876年,西联汇款主管会议称,电话缺点太多,不值得用作通讯工具。

1903年,密西根储蓄银行行长劝说亨利·福特,不要投资成立福特汽车公司,理由是汽车只是一时新奇的玩意,代替不了马车。

1946年,20世纪福克斯制片人达里尔·柴纳克认为,电视机不会流行很久,大家每天面对着一个方盒子,很快就会厌倦。

1859年,艾德温·德雷克钻出美国第一口油井,但在这之前,他的合伙人坚称钻井挖石油是疯狂的行为。

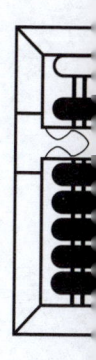

(四)依据书本是一种思维定式

有些人在思考问题时不顾实际情况,盲目运用书本知识,所有事情都以书本为纲,书本上没有找到确定的理论,就不敢下决断。但许多书本上的知识是有时效性的,有些书本知识会过时,知识需要不断更新,如果用过时的知识来解决新问题,我们的思维就会被书本束缚,使书本成为我们创新路上的"拦路虎"。

"纸上谈兵"就是一个盲目依赖书本的例子。战国时期,赵国有位名将叫赵奢,赵奢的儿子叫赵括。赵括从小熟读兵书,谈起用兵之道,能够滔滔不绝,甚至连他的父亲也对答不上来。秦国进攻赵国,两军在长平对阵数年。赵王因听信流言,撤回廉颇,任用赵括为大将。而赵括只知道依据兵书排兵布阵打仗,不知道灵活变通。结果,赵军的四十万人马被围歼,赵括也遭乱箭射死。

我们弱化思维定式的目的就是要把大脑解放出来,不要用太多的规律,僵化的教条,把我们的思维束缚了。我们的大脑也是"不破不立",只有勇于"破",敢于"破",才能"破而后立"。一片树林里,原本没有路,一个很有权威的人规划了路线,他走过去了,后面的人都跟着他走,就形成了一条路,但这条路未必合理,于是有人重新规划了一条更为合理的线路,这就是"另辟蹊径"。

那么,我们要消除"思维定式",就应该在日常的思维习惯中刻意消除一些阻碍**创新思维的"绊脚石"**。

(1)不敢或不愿意突破常规,太过强调用逻辑思维去分析问题。

(2)从一开始便替问题下一个定义,令思路变得狭窄,使思维受到局限。

(3)遵循既有的规则,喜欢用经验看待问题。

(4)认定每一个问题只有一个标准答案,不能接受多

个解决方案。

(5) 太早下结论,阻碍进一步探讨。

(6) 因为害怕失败或过分依赖经验,抗拒改变,不愿承认改变是生活的一部分。

(7) 轻视创新,经常批评新的尝试或提议。

234 想象力为创新思维插上了翅膀

想象力是一种特殊的思维能力,是创新思维的基础,是智慧的翅膀,它有着极高的抽象性。它以客观事实为依据,却不拘泥于事实,它是直觉的深化与外延,是对记忆中的表象进行加工、改造后得到一种新形象的思维能力。简单地说,想象力就是动脑筋,是一个人在大脑中进行形象思维的能力。

想象力能使人们跨越时空的限制,"思连千载,视通万里"。爱因斯坦说:"想象力比知识更重要,因为知识是有限的,而想象力能够概括世界上的一切,它推动着进步,并且是知识进化的源泉。"

想象力的类型根据想象的内容和新颖程度,以及形成

方式的不同，大致可分为以下三种。

再造想象，是指根据语言文字、图片、图表、符号等信息的描绘，借助大脑对信息的再次加工，在大脑中形成有关事物的形象。

创造想象，是指在头脑中独立地创造出新形象的过程，需要对已有的感性材料进行深入分析和综合。我们日常的小发明、小制作、文艺创作、写作等都需要创造想象参与。

幻想，幻想是一种与生活愿望相联系并指向未来的特殊想象，幻想不是立即体现在我们的实际生活中，而是带有向往的性质，寄托人们的一种希望。我们应该鼓励积极的幻想，平时做一做"白日梦"，对培养想象力很有益处。

一个人的想象力是可以逐步提高的。下面列举了**提高想象力的三种途径**。

拓宽眼界。读万卷书，也要行万里路，多出去走走，多出去看看。看得多了，就会了解更多的东西，可以激发大脑的灵感，刺激想象力的产生。培养多种个人爱好也可以拓宽眼界，广泛的兴趣可以使我们思路开阔，想象也就有了广阔的天地。大千世界是复杂多样且彼此关联的，由于我们具有多方面的爱好和广泛的兴趣，可使各种知识互相补充和启发。

南宋诗人杨万里如果不去西湖边送友人，在家闭门造车，就很难写出《晓出净慈寺送林子方》这样脍炙人口的名

第十节 整理运动

篇佳作:"毕竟西湖六月中,风光不与四时同。接天莲叶无穷碧,映日荷花别样红。"

但所送别的林子方却缺乏了一点想象力,没有明白诗中的隐喻含义:"毕竟"一词表现出诗人的急切心情;"西湖"是指西湖所在地南宋首都临安;"六月中"指朝廷;"风光不与四时同"的含义是在朝廷里任职和其他地方任职是不一样的;"天"和"日"都指皇帝;"接"有"挨着"的意思;"映"是映衬,在太阳下;"莲叶""荷花"都指林子方;"无穷碧""别样红"是说前途大好,一片光明。整首诗的隐喻是:毕竟是在朝廷里面做官,和在外面做官不一样。你只有在皇帝身边,才能有所成就,前途光明。但林子方并没看懂,大喊:"好诗!"便去福州了,从此便淹没在了历史的长河之中。

积累知识。行万里路,也要读书万卷。只有不断积累自己的知识,才能通过提升认知来洞悉事物的本质,从而提高形象思维的能力。阅读是由连续的、富有形象性和逻辑性的组合,可以促使大脑主动地进入无限的想象空间,因此,阅读是培养想象力的土壤。

《西游记》是中国古代第一部浪漫主义的章回体长篇神魔小说,达到了古代长篇浪漫主义小说的巅峰。在小说中孙悟空、猪八戒、玉皇大帝、白骨精、铁扇公主、牛魔王等各路人神仙佛、妖魔鬼怪"神出鬼没"时,都会引出一段波澜起伏、扑朔迷离的精彩故事,给人一种神奇缥缈的魔幻感觉。正是这些现实生活中所没有的,能够使人产生极大的想象。

活动起来。首先,要把手和脚动起来。手和脚的每一条神经通路都与大脑连接,受大脑支配,手和脚不同的动作又可促进大脑的发育。研究表明,勤于活动的人更富有想象力。其次,通过动手制作、体育锻炼、游戏娱乐等活动体验各种感觉,多感受生活中的触觉、视觉、听觉、嗅觉、味觉等,不断积累自己的新体验。

音乐可以激发人们的想象力,尤其是没有歌词的音乐。我们通过听音乐,感受到了什么?是鸟语花香,还是狂风暴雨,是宇宙漫步,还是时空穿越……音乐带给了我们无穷的想象。

234 创新思维所要的结果是获得灵感

我们在进行创新活动的过程中，追踪一个既定目标，苦苦思索不得其解，经过长期探求，说不定在某一时刻，灵机一动，谜团迅速解开了，找到了解决问题的办法或答案。好像在黑屋里一下子拉亮电灯一样，使人灵光一闪、豁然开朗，这种突然得到解决方案的顿悟，我们称之为**灵感**。它是我们进行创新活动过程中所苦苦追寻的目标。诗人、文学家的"神来之笔"，军事指挥家的"出奇制胜"，思想战略家的"豁然贯通"，科学家、发明家的"茅塞顿开"等，都是灵感闪现的体现。

灵感有以下三个特点。

第一，灵感是经过长期准备而突然出现的。灵感不是从天上掉下来的，也不是心血来潮的产物。它是一个人在长期专心致志地研究某个问题的过程中，这个问题成了他梦寐以求的悬念，他大脑中萦绕的这个问题，与过去掌握的全部信息或正在遇到的新信息相碰撞，当撞到一个正好能解决这个问题的信息时，灵感就会"不期而至"，就像一道闪电，

划破重云,眼前一片光明。正如古诗中"众里寻他千百度,蓦然回首,那人却在灯火阑珊处"同样的感觉。

第二,灵感的产生需要一定的外部条件,即外界刺激。需要触景生情或由于某种联想而触类旁通,捕捉灵感要创造一些适合解决问题的最佳时期和最好环境,需要一个所要解决的问题与能够解决问题的事件之间"机缘巧合"的机会。外部事件对激发灵感,就如古语所说的"有意栽花花不开,无心插柳柳成荫"。

美国发明家莫尔斯在发明电话的过程中,遇到的最大障碍是远距离传播时信号的衰减。他每天冥思苦想,实验了各种办法,最初想用放大原始信号的方法,但是没有获得成功。有一天,他搭乘邮车出行。在旅行途中他发现,邮车每到一个驿站就要换拉车的马。他立即受到"驿站换马"的启发,灵感闪现:在电话线路沿途设置放大站,不断扩大信号。就这样,解决了电话信号在长途传输中的衰减问题。

电话信号的传输如同接力赛

第三，灵感出现时的瞬间性。灵感的出现就像闪电一样，往往只是一瞬间、一刹那，在我们的脑海里"一闪而过"。中国有句古话：凡事预则立，不预则废。所以我们要随时做好捕捉灵感的准备，抓住后迅速与需要解决的问题进行融合和论证，检验其具备的新颖性。

每一个事物的发展都有其规律性，灵感的产生也不是杂乱无章的，结合上述灵感的特点，一个灵感的产生一般经历以下**四个发展阶段**。

准备期：首先，要提出设想，提出新问题，也就是要确定目标。其次，通过多种途径为灵感的到来做好准备工作。包括收集信息、大量阅读、勤记笔记、多和别人交换意见等。最后，再把材料加以归类、提炼，从中得出自己的见解。

酝酿期：这个阶段需要人们发挥自己的想象力，反复思考，时刻把需要解决的**问题挂在脑子里**。

领悟期：经过大量的准备和充分酝酿，从偶然事件中突然得到启发，一个新的设想在脑中油然而生，令人茅塞顿开。这是对我们艰苦劳动的奖赏，是创新过程中最令人激动和快乐的时刻。

验证期：对问题的解决方案进行验证，验证是否符合实际，并对解决方案加以不断改进，使其更加趋于完善，产生更新、更好的方案。

以上四个发展阶段,最重要的是**"领悟期"**,我们需要这个时期所产生的**"灵感"**,灵感是我们创新思考活动所产生的结果,同时创新思维所要的结果是获得灵感,因为灵感产生了我们解决问题的创新方法。

捕捉灵感的途径有以下几种。

(一) 抓住潜意识

做梦是潜意识的一种表现形式是人脑处于睡眠或半睡眠状态中,因大脑继续工作而出现的某种意识。潜意识是人的大脑中可以开发利用的资源,如果我们能随时注意捕捉到这种稍纵即逝的、特别敏感活跃的思维,就有可能解决我们某些费神耗时、百思不解的难题。灵感很多时候是在冥想中产生的,我们可以在晚上睡觉前,熄灯后躺在床上,像小孩子一样,不受控制地放开思维,把我们需要解决的**问题挂在脑子里**("问题挂在脑子里",在本书中多次提及,这一点对获取灵感非常重要,只有总想着这个需要解决的问题,它才有机会和解决方案"碰面"),漫无边际地在脑子里激荡,不着边际地和其他事物进行碰撞,在某一时刻会碰撞出灵感的火花。这种半睡眠状态是处于刚入睡或快醒时,这时没有生理或心理上的种种抑制,为我们提供了一种杂乱无章但又非常有效的思维环境,使得灵感可以不费力地闪现出来。而当

第十节
整理运动

醒了以后,生理或心理上的种种抑制也恢复了,再产生灵感就相对困难了。

依靠梦境捕获灵感是对潜意识所给予的启迪进行挖掘,它绝不是无中生有的"空穴来风",也不是毫无根据的"空中楼阁",是因为"日有所思,夜有所梦",是经过日思夜想后的豁然开朗。它一定是我们在先前就对研究对象进行过冥思苦想,积累了大量的素材,这些素材在无约束的睡眠状态里自由地碰撞,偶然间撞击出的灵感的火花。

利用梦境来解决难题,已使不少科学家尝到了甜头。剑桥大学曾经对各学科富有创新思维的科学家的工作习惯进行了调查研究,其中70%的教授认为能从一些梦中得到启发。

笛卡尔关于方法论方面的一些基本概念,是在一个夜晚,以三个不连贯的梦构思而成的。

1922年,丹麦物理学家玻尔在接受诺贝尔奖时宣布,梦对他展示了原子的结构。

伊莱亚斯·豪在梦中获得灵感发明了现代缝纫机。

当我们白天遇到难题不得解时,往往会在夜间突醒或清晨醒来时,得到解决办法。

我们在阅读、听课、讨论等需要保持注意力时,往往有人脑子里出现了漫无边际的幻想,就像是在做"白日梦",我们叫它"走神儿"。"**走神儿**"常常被人说成心不在焉、迷迷糊糊、发呆。但很多好的主意和灵感都是在"走神儿"时产生的,"走神儿"绝不是不动脑子,这个时候的思维更自

由、更无拘无束。积极的、有建设性的"白日梦"有利于创新思维，为创新性工作提供灵感。正如弗洛伊德所说，"梦是通往无意识境界的捷径"，而创新源于无意识。在解决难题时我们不妨也做做"白日梦"，一个人闭上眼睛，脑海中时而出现我们要解决的问题，时而出现与问题无关的事物，哪怕是特别荒唐可笑的事物，使思维产生奇特的、超越时空的境界。

超现实主义画家萨尔瓦多·达利为了激发自己的灵感，常常手拿汤匙躺在沙发上。当他昏昏欲睡时，汤匙便会落到地上的金属盆上，被撞击声惊醒后立即构思自己在"假寐"的多彩世界中所想好的素材。

我们可以在每天临睡前，集中思考难题及一些问题的解决方案，并浏览一下有关资料，再在枕边放上笔和笔记本，随时准备捕捉可能产生的灵感。当梦中出现有价值的信息时，要尽快用笔记录下来，将所做的关于梦的记录，与所研究的问题进行对照，找出它们之间的相互关联，使这些从梦中得到的启发进一步深化，用逻辑思维分析研究它们，最后解决问题。

我们做的大部分梦都是一些荒诞、离奇、可笑的事情，它们没有特别的价值。但我们养成梦醒后"回放"梦境的习惯是有益的，灵感的"爆发点"或许就在梦境的细枝末节中。

捕捉灵感的理想环境，除了睡眠或半睡眠状态，我们在日常的散步、旅途、阅读等休闲时光，也是获取灵感的好时机。

（二）置于极端需要

除了前面所述的轻松环境容易产生灵感外，在紧急时刻也容易"逼"出灵感。人的创新动力是在各种主客观要素构成的压力下，被有效地激发出来。在创新学中，人们将这种客观规律概括为"压力激励原理"，也就是我们常说的"急中生智"。

当一个人被关进一间锁死的小屋里，这时要求他马上逃出来，他会立即回想以前用过的种种方法：推门、拧把手、砸门、甚至呼救。如果利用以上办法还是出不去，我们会涌现出来各式各样的新想法：从屋顶天窗跳出去，从暖气管道逃走，甚至打开水龙头用水把墙冲一个洞而逃出去。

美国的华特·迪士尼曾从事美术设计工作。当时，他和妻子租住在一间老鼠横行的公寓里，后因付不起房租，夫妇俩被迫搬出了公寓。一天，两人呆坐在公园的长椅上，正当他们一筹莫展时，突然从迪士尼的行李包中钻出一只老鼠。望着老鼠机灵滑稽的样子，夫妻俩感到非常有趣，心情变得愉快起来，忘记了烦恼和苦闷。这时，迪士尼头脑中突然闪过一个念头，对妻子惊喜地大声说道："好了，我想到好主意了！世界上有很多像我们一样穷困潦倒的人，他们肯定都很苦，我要把小老鼠可爱的样子画成漫画，让千千万万的人从小老鼠的形象中得到安慰和快乐。"风行世界的米老鼠形象就这样诞生了。

(三)扩大视野

创新思维能力强的人往往拥有广泛的社交圈子,他们交往的人涉及不同的专业领域。许多科技和艺术上的成就是得益于另一个领域的知识和经验,两个不同领域的跨界整合,往往能带来突破性的创新解决方案。研究一个问题,思路从一个领域转移至另一个领域,就会解放思维,从新的角度重新思考,从而打破视角盲点。实践证明,最佳的构想往往出自外行人。

布景设计师路易斯·达意尔发明了光学照片;

画家莫尔斯发明了电报;

画家富尔顿发明了汽船;

服务员吉列发明了安全刀片;

桥梁建筑师赫伯特·布思发明了真空吸尘器;

军官乔治·威廉·曼比发明了灭火器;

第十节
整理运动

坦克、圆珠笔、邮票齿孔是记者的三大发明。

所以,我们要扩大自己的视野,从另一个领域寻找解决问题的办法,寻找创新的灵感。

有两股相距很远的绳子分别挂在天花板上,如果只给你一把老虎钳,你可以同时抓住两根绳子吗?一位大学生很快就找到了解决的方法。他把老虎钳系在一根绳子的尾部,像秋千一样荡向另一根绳子。接着,他迅速跑到另一根绳子一边,接住晃过来的老虎钳,把两根绳系在一起。当这位学生被问及为什么会想到这个点子时,他说他正好刚上完一节讲摆动的物理课。

这种触类旁通的例子在日常生活中屡见不鲜,为了增强自己的创造力,我们不妨多学习新东西,扩大寻找灵感的领域。

(四)智力激励

人们遇到问题往往只想出一个办法就停止思考,止步不前。为了能够进一步扩大思考的范围,我们可以通过自由讨论来摆脱思维中的惯性矢量和心理障碍,借助其他人的信息来激发灵感。早在1936年,美国创造学家奥斯本首创了"头脑风暴法"也称"智力激励法",它是一种群体创新思维法,是以主题讨论会的方式,通过扩展思维进行信息催化,激发大量创新设想,形成综合创新力。有时候人们自发地坐在一起,就某一问题进行讨论,开"侃"、开"聊",这就是

无意间运用了智力激励法。如果我们采取开调查会、研讨会、座谈会等方式，应用群体创新思维法，对于文艺创作、科学研究、管理咨询、预测规划、政策决策等，都会获得意想不到的丰硕成果。

在团队探讨问题的过程中，一位成员不经意的一句话，有可能激发另一成员的思路，所以说团队在一起探讨问题的时候，是寻找"灵感"非常好的机会。群体思维与个体思维相比，具有绝对的优势，经过专家对众多的数据和示例的研究表明，在会议室进行科研讨论往往比在实验室做实验更容易获得灵感。

群体思维法有如下特点。

一是可以扩展思维，拓宽思维空间。 群体思维法是群体中每个人的思维经过不断"激荡"后，涌现出众多的优秀方案，我们把诸多方案中有用的点子汇集到一个方案中，达到集思广益的效果。它不拘于一个方向或一个框架，可以向四面八方纵横驰骋。由于群体中每个个体的方案相互渗透，具有相互催化的强力作用，能够在短时间内爆炸性地扩张起来，极大地拓展了我们的思维空间。

二是可以缩短思维的滞留时间，提高思维效率。 由于问题的复杂性和艰难程度，思维过程中时常出现"山重水复疑无路"的绝境，使思维中断，处于间歇、停滞的状态。只有当思维者接触新信息，才有可能使其思维再次进入拓展状

第十节
整理运动

态。不同个体之间的思维相互影响，相互启发，不断地接收他人的信息，出现"绝处逢生"，迎来"柳暗花明又一村"。相互启发往往会诱发一系列的连锁反应，打破个体的思维定式提高思维的效率。

三是可以优化思维结构和内容。当今个体层面的知识量，已远远不能适应当前信息时代迅猛发展的需要。个体受限于知识结构是否合理，以及思维方式是否科学，需要若干个体通力合作达到互补。群体思维法则可以帮助个体不断突破思维局限，扬长避短，优势互补，优化思维过程。

为解决某一问题，开展小组讨论会，是获取"最优方案"的有效途径。首先要为小组讨论会创造一个宽松的、适宜的讨论环境，以使会议的效率高、效果好。

怎样组织高效率的小组讨论会：

（1）会议必须提前明确议题，使所有参会者知晓这次会议需要解决什么问题。在开会前，把会议的议题告知参会者，方便他们提前收集相关信息，准备相关资料。

（2）在会议中，会议主持人应不断强调会议议题、控制讨论节奏和维护会场秩序。

（3）参加会议的人数一般以10人左右为宜，参会者太少，不利于提供足够的信息量，而人数过多，参会者的专注力会减弱。

（4）在参会者的挑选方面，应适当找几个与议题领域无关的"局外人",或许"局外人"恰恰能带来全新的思路。

(5) 开会的时间尽量不要安排在午后或饭后。

(6) 会议室应保持通风。

(7) 会议室的会议桌最好是圆形或长方形,尽量不要使用主席台会议桌,应最大限度弱化单个个体在会场的权威性。也可以在会议室挂一块白色的书写板,零散摆放一些椅子,参会者可以自由走动和站立,站着讨论问题往往可以使参与积极性更高。

(8) 每个议题的讨论时间原则上不超过半个小时,时间压力可激发创新思维的潜能。如果有多个议题,应该分解成几个问题分别进行讨论。

(9) 发言人要精练语言,只陈述自己的方案,不做评判。

(10) 轮流发言,不可打断别人发言,不对别人的发言表示赞同或反对。不要在私下交头接耳,以免影响发言人的情绪。会议的目的是开阔思路、激发灵感,而不是评估某个想法的优劣。

(11) 每个参会者都要有纸和笔,随时记录自己的想法。同时,应有一两名记录员,记录员不可根据自己的喜好筛选记录,避免漏记。

(12) 如果条件允许,最好由另外一个团队根据会议记录对小组讨论的各种方案进行研究和判断,最终确定解决方案。

这样的会议,能够使每个人都充分利用别人的设想来

第十节 整理运动

启发自己的灵感,或者结合几个人的设想,产生新的灵感,使方案更有独创性。

思维体操到此结束，请大家对照书中的内容深入思考，举一反三，经常训练，学以致用，必将受益终身！

小测验

A. 你怎样才能把你的左手全部放进你右边的裤兜里，同时又能把你的右手全部放进你左边的裤兜里？

B. 凌晨三点，一位独居老翁突发疾病，打120急救电话求救，他知道所住的街道名称，但门牌号想不起来了，他说他的房子紧靠马路，家里的灯很亮，说完这些老翁就昏迷了，值班员能听到话筒里老翁的呼吸声。救护人员用什么办法能迅速找到老翁的住所？

C. 有两辆汽车以相同的方向，完全相同的速度，分别行驶在紧邻的两条路上。不久后，两辆车都没有改变速度，两条路还是沿着原先的方向行进，为什么一辆车会超越另一辆车？

D. 5只鸡5天生了5个蛋，那么，100天内要生100个蛋，要多少只鸡？

E. 一条小路不到一米宽，路的两侧是陡峭的绝壁，一个人虽然被蒙上了双眼，但他却快速安全地通过了，这是为什么呢？

小测验

F. 有两个男孩一同去上学,他们的相貌十分相似,出生的年月日,父母姓名都一样。老师问:"你们是双胞胎吗?"他俩异口同声地回答:"不是。"老师感到十分奇怪。请问,这两个小孩的说法正确吗?为什么?

G. 小明带着一条狗和两只小羊过河,没有桥,只有一条小船,而且小船每次只能拉载一个人和一条狗或一只小羊,怎样安排摆渡才能不让狗咬了小羊?

H. 扔出去一个网球,不碰其他物体反弹,怎样才能让它飞回到你手中?

I. 小明手里拿着100元,他去买了一件75元的东西,但售货员却只找给他5元钱,为什么?

J. 一个乒乓球大小的铁球,掉到了一个直径有碗口大小,1米深的垂直洞里,手边有一根1米长的木棍,也找不到一块磁铁,有什么办法能把铁球取出来?

K. 一个商场里为什么要雇用一个头发稀少的人来推销生发水呢?

L. 在一条大河边上停着一只小木船,周边没有桥梁,也没有其他船只,谁要过河只能依靠这一只小木船,这时河边同时来了两个人,都要划这只船过河,他俩都很顺利地过河了。请问:他们是怎样过河的?

M. 小明站在20米高的楼顶上往楼下扔鸡蛋,为什么鸡蛋往下掉了20米却没有摔碎?

N. 小明是一位多次拿奖的跳水运动员,他这一次站在跳台上非常紧张,不敢往下跳,为什么?

O. 有大、中、小三只杯子，只有大杯里装满了水，怎样用大杯里的水把每只杯子都装满？

P. 一位富翁的左右邻居都各自养了一条狗，一到晚上这两条狗就狂吠不停。富翁实在是无法忍受这种折磨，便给了两家各50万元，让他们都搬家。这两家都带着自己的狗搬家了，但是一到晚上，富翁还是听到了和以前完全相同的狗叫声。这是为什么呢？

Q. 小明买了一盒蚊香，平均一盘蚊香可以燃半个小时，如果他想用蚊香来做45分钟的计时，他该怎样做？

R. 一天，没有星星也没有月亮，小王开着一辆大货车走在郊区的一条路上，车灯也都坏了，路边也没有路灯，小王发现前面离自己100多米的地方有块黑布，他为什么会看见？

S. 大货车司机小王和开摩托车的小李在路上发生了交通事故，小李没事，小王却受了重伤，为什么？

T. 班上有两名同学的姓名完全一样，但为什么老师在点名时从来没有叫错过他俩？

U. 小明的妈妈有3个儿子，老大叫大明，老二叫二明，老三叫什么？

V. 在餐厅里，有两对父子就餐，每人叫了一份70元的牛排，结账时只付了210元，为什么？

W. 一个国家的总统去世后，副总统就是总统了，那么副总统去世了后，谁是总统？

X. 小明旅行途经某市时，正巧那里发生大地震，但小

小测验

明没有感觉到地震,为什么呢?

Y. 监狱里关着5个犯人,一天晚上犯人越狱逃跑了,但早上狱警发现监牢里还关押着4个犯人,为什么?

Z. 李伯伯一共有7个儿子,这7个儿子又各有一个妹妹,那么,李伯伯一共有几个子女?

小测验参考答案

下面是参考答案,但不一定是唯一答案:

a. 把裤子脱下来,再反着穿上。

b. 将救护车开到老翁所住的街道,拉响救护车笛声,值班员在电话里听笛声。

c. 其中的一条路向下坡延伸了。

d. 5只鸡。

e. 小路在两个峭壁之间。

f. 他们是三胞胎。

g. 第一步,人和狗一起过河,把狗放下;第二步,人载一只羊过河,返回时把狗载回来放下,再载另一只羊过河;第三步,再回来重新载狗过河。

h. 向上空垂直扔。

i. 他给售货员了50元、20元、10元三张钞票。

j. 向洞里灌沙子或土,用木棍拨动铁球,使铁球总在沙子或土的上面。

k. 告诉人们脱发有多难看。

l. 两个人分别在河的两岸。

m. 小明的手到脚还有1米的距离。

n. 水池里没有水。

o. 三个杯子套在一起。

p. 左右邻居相互换了一下位置。

q. 第一盘点一头，熄灭后，第二盘两头一起点。

r. 是白天。

s. 大货车司机没有开车。

t. 其中一个字是多音字。

u. 小明。

v. 爷爷和爸爸父子俩，爸爸和儿子父子俩，共3人。

w. 总统没有去世。

x. 小明在飞机上。

y. 只逃跑了一个名叫犯人的犯人。

z. 8个子女，妹妹最小。

你觉得这个小测验简单吗？

简单！

好！说明你的思维经过几个方向的转弯，开始灵活了！

训练题参考答案

下面是参考答案,但不一定是唯一答案:

第四节

Ⅳ.这个裁缝铺的招牌上应该写:本弄堂最好的裁缝。

Ⅴ.这时应该再放一把火,把周边的枯草都烧掉。

Ⅵ.你应该说:"我家也有一辆您这样的破车。"

Ⅶ.牙医说:"那下次您来拔牙时,我一定用3个小时给您拔。"

第五节

Ⅲ.从管子的一头向里面吹烟,看看烟会从另一头的哪个管子出烟。

Ⅳ.把细电线绑在一只老鼠的腿上,让老鼠从管子里窜过去。

Ⅴ.他说:"我是被大家的热情倾倒的!"

Ⅵ.把这张纸捏成纸团,用力扔出去。

Ⅶ.电影院管理员说:"除了岁数大或者体弱的观众,其他人请摘掉帽子!"

训练题参考答案

第七节

Ⅰ.从其他三个轱辘上各取下一个螺母,临时拧在这个轱辘上。

Ⅱ.这个人把"不可随处小便"六个字拆解开,重新排序,改为"小处不可随便",又将字进行了装裱。

Ⅲ.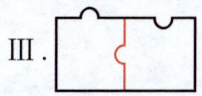

Ⅴ.每双袜子两人各拿一只。

Ⅵ.金条按照1∶2∶4的比例进行切割。

Ⅶ.第一步,先用3两的量具往酒瓶中打3两酒;第二步,用3两的量具往7两的量具倒两次酒;第三步,用3两的量具给7两的量具倒满,剩下的2两倒入酒瓶中。

第八节

Ⅰ.在离这个鞋厂远一点的地方再建一个分厂,一个工厂生产左脚鞋,另一个工厂生产右脚鞋。

Ⅱ.把水壶中的水倒掉一部分。

Ⅲ.抱着猫站在体重秤上,得出的重量减去人的体重。

Ⅳ.不让体重最重的那个人上去。

Ⅴ.在D区横着或竖着等距画4条直线。

Ⅵ.抢救离门口最近的那一幅画。

Ⅶ.在流水线旁放一台吹风机来吹掉空瓶子。